21世纪全国高职高专建筑设计专业技能型规划教材

居住区景观设计

主　编　张群成

副主编　郭晓敏　朱夏丽

内容简介

本书根据景观设计和环境艺术设计专业特点编写而成，每个章节设有教学目标、教学要求，分别从不同的设计领域，系统而完整地讲解了居住小区景观设计的基本概念、设计原则和设计流程，着重在景观设计风格流派、居住小区中各类道路景观、场所景观、水景景观、绿化种植景观等设计要素上解析居住小区环境景观营造的方法，并配合丰富的国内外经典案例和课后练习，内容的设定具有明确的针对性、应用性、实践性，循序渐进地培养学生对居住小区景观设计项目的实际操作能力。

本书理论精练，图文并茂，实用性强。

本书可作为高等职业教育院校艺术设计专业的教学用书，也可供从事园林工程和相关专业的技术人员参考使用。

图书在版编目(CIP)数据

居住区景观设计/张群成主编. —北京：北京大学出版社，2012.5

(21世纪全国高职高专建筑设计专业技能型规划教材)

ISBN 978-7-301-20587-7

Ⅰ.①居… Ⅱ.①张… Ⅲ.①居住区—景观设计—高等职业教育—教材 Ⅳ.①TU984.12

中国版本图书馆 CIP 数据核字(2012)第083052号

书　　名：居住区景观设计

著作责任者：张群成　主编

策 划 编 辑：王红樱

责 任 编 辑：翟　源

标 准 书 号：ISBN 978-7-301-20587-7/TU・0234

出　版　者：北京大学出版社

地　　址：北京市海淀区成府路 205 号　100871

网　　址：http://www.pup.cn　http://www.pup6.cn

电　　话：邮购部 62752015　发行部 62750672　编辑部 62750667　出版部 62754962

电 子 邮 箱：pup_6@163.com

印　刷　者：北京大学印刷厂

发　行　者：北京大学出版社

经　销　者：新华书店

787mm × 1092mm　16 开本　10.5印张　242千字

2012 年5月第1版　　2015 年7月第2次印刷

定　　价：47.00元

未经许可，不得以任何方式复制或抄袭本书之部分或全部内容。

版权所有　侵权必究　　**举报电话：010-62752024**

电子邮箱：fd@pup. pku. edu. cn

前言

高等职业教育作为高等教育发展中的一个类型，肩负着培养面向生产、建设、服务和管理所需要的第一线高技能人才的使命，在我国加快推进社会主义现代化建设进程中具有不可替代的作用。随着我国走新型工业化道路、建设社会主义新农村和创新型国家对高技能人才要求的不断提高，高等职业教育既面临着极好的发展机遇，也面临着严峻的挑战。

教育部《关于加强高职高专教育人才培养工作的意见》明确指出以就业为导向要求高职高专院校把产学结合作为学院办学和发展的基本途径，推行工学结合，突出实践能力培养，积极推行与生产劳动和社会实践相结合的学习模式，带动专业调整与建设，引导课程设置、教学内容和教学方法改革，融“教、学、做”为一体。如何将这种教育理念贯穿于人才培养的全过程呢？加强教材建设势在必行，与行业企业共同开发紧密结合生产实际的实训教材，并确保优质教材进课堂。

本书针对高职高专景观设计和环境艺术设计专业编写，以工学结合的人才培养模式为重要切入点。在教材内容方面，强调在应用性和针对性教学的基础上，以景观设计公司实际工程项目的设计流程和景观案例统领教材编写的全过程，以培养学生实践动手能力为首要任务，以学生能适应市场需要为目标。各章节采用教学目标、教学要求、特别提示的编写思路，同时做到可操作性和可执行性，充分吸收传统教材优势，协调基础知识和实践运用的关系，加强课后实践能力训练的比例。本书在内容的编排上体现了以下几个特色。

(1)在编写原则上，要求符合高职高专的教学特点，循序渐进、通俗易懂。对内容、练习、图例进行认真的遴选，力求做到语言精练、博采众长，使教材更好地成为教与学的良师。

(2)项目驱动，体现理论与实践相结合。

首先在教材的每个章节中，都以具体的景观工程项目为载体，精选最有代表性的案例并且与设计要点紧密联系，避免枯燥和脱离实际；其次本书的第6章采用了大综合的方式，以一个实际项目为引导，将前5章的内容充分渗透到实践当中，对学生的学习具有很好的参考作用。

(3)产学结合，注重教材内容的原创性。

邀请一线的高级景观设计师和具有实践经验的“双师型”教师参与编写，

用创造性和实用性的教学观念统领教材编写的全过程，相信本书以产学结合、项目驱动的理念编写，对高职高专景观设计和环境艺术设计专业的教师和学生会有所帮助。

限于编者水平，书中疏漏之处在所难免，希望广大读者提出宝贵的意见和建议。

最后感谢北京大学出版社各位编辑的大力帮助与指导，感谢我的学生对本书的支持。

编　者
2012年1月

目录

第1章 居民与居住小区景观设计

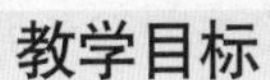

教学目标

本章要让学生了解居住小区景观设计的概念、构成要素和居住小区景观设计发展历程，把握居住小区景观的主要设计风格，并且能够认识到居住小区景观设计的发展趋势和目前存在的弊端。本章以居民的行为活动为中心，讲述居民与居住小区景观设计的关系，为居住小区景观的人性化设计打下理论基础。

教学要求

知识要点	能力目标	权重	自测
相关概念界定	掌握居住小区景观设计的概念，了解居住小区景观的构成要素	20%	
居住小区景观设计的发展	了解中国传统住宅的形式，掌握近年来我国居住区空间的演化和我国目前居住小区存在的形式，把握住宅小区景观设计的发展趋势	20%	
居住小区景观设计风格	掌握目前居住小区景观设计的几种常用风格，熟悉每种风格的特征和设计要点	20%	
居民行为与居住小区景观设计的关系	掌握居民的活动模式和行为习性，了解不同年龄段居民的心理行为特征及居民对居住环境的需求	40%	

章前导读

在对居住小区景观进行设计之前，需要明确居住小区景观设计的概念、居住小区景观设计的发展现状以及居民与居住小区景观设计的关系。通过这些内容的学习，能够为设计实践部分的学习打下理论基础。

1.1 相关概念

本节需要掌握居住小区、居住小区景观设计的概念，并且了解居住小区景观构成要素。

1.1.1 居住区

居住区按居住户数或人口规模可分为城市居住区、居住小区、组团三级。

城市居住区：城市居住区一般称居住区，泛指不同居住人口规模的居住生活聚居地和特指城市干道或自然分界所围合，并与居住人口规模(30000～50000人)相对应，配建有一整套较完善的、能满足该区居民物质与文化生活所需的公共服务设施的居住生活聚居地。

居住小区：由若干个住宅组团组成，居住人口一般为10000～15000人，配备有日常生活所需要的公共服务设施，能够形成一个安全、安静、优美的居住环境。居住小区简称小区，有别于工业和其他小区，是由城市道路以及自然界线(如河流、土丘)划分，并不为交通干道所穿越的完整居住地段。小区应是居住区道路(也可是城市一般道路)所包围的日常性生活居住单位。居住区分级控制规模见表1-1 。

组团：指被小区道路分隔的单位，一般由若干栋住宅组合而成，设有为居民服务的基本生活设施，它构成居住区或居住小区的基本单位，人口规模在1000～3000人。

由于城市人口分布和密度不同，人民生活水平不同等原因，居民的聚居水平不同，居住区、居住小区和居住组团的性质和规模不能模式化，在此书中作者把具有完整建筑群、不被城市交通穿越并且能形成便于居住的空间一律称为居住小区。

表1-1 居住区分级控制规模

级别	城市居住区	居住小区	组团
户数(户)	10000～16000	3000～5000	300～500
人口(人)	30000～50000	10000～15000	1000～3000

1.1.2 居住小区景观设计

居住小区景观设计包括对基地自然状况的研究与利用，对空间关系的处理与发挥以及居住小区整体风格的融合与协调，使居住小区的景观设计与居住小区建筑规划设计相统一。居住小区景观设计要坚持以方便居民、服务居民为宗旨，遵循以居民的感知为设计依据的原则。居住小区的景观设计要弥补居住小区在规划建筑设计以外的“盲点”，是人们构筑精致生活、提高生命趣味的关键所在。

特别提示

诺伯格·舒尔茨认为，人对于环境的感知包括两方面：空间形态和场所特征，空间形态体现为方位性，通过方位确立自己和环境的关系，从而获得舒适感、安全感；场所特征则产生认同感，使人识别并把握在其中生存的文化，从而获得归属感。正是由于这种安全感和归属感，居住场所才具有恒久的生命力，因而在居住小区景观设计中，应充分挖掘地方特色，提高居住品质。

1.1.3 居住小区景观的构成

居住小区环境景观的构成要素分为自然环境、服务设施环境、居住文化环境和居住空间景观环境4类。

1. 自然环境

自然环境包括了居民对山脉、平原、水域、水滨、森林、草原等自然景观的需求，同时也包括对阳光、空气等一系列自然现象的需求。居住自然环境需求是满足生命机体正常运行而产生的需求，是人类赖以生存的基础。

居住小区外部空间(如图1.1，图1.2所示)应争取良好的采光环境，促进居民的户外活动。在气候炎热地区，需考虑足够的荫庇环境，如建筑阴影区、树荫、覆顶亭廊等，以方便居民户外活动。

图1.1　居住小区公共空间景观1

图1.2　居住小区公共空间景观2

特别提示

居住小区内部住宅建筑的排列应有利于通风，可以高低错落、底层架空；为调节居住区内部通风排浊，宜构建绿化带、水道、廊架等景观通道；户外活动场地的设置应根据当地不同季节的主导风向，并有意识地通过建筑、植物、景观设计来进行调节。

2．服务设施环境

完善的服务设施是现代人对居住小区景观设计的基本要求，居民希望能够通过各种服务设施提高生活品质。居住小区的服务设施主要分保育教育设施、中老年文化活动设施、儿童娱乐设施、运动健康设施、医疗卫生设施、公共设施及行政管理设施等。

3．居住文化环境

人类在自然环境和社会选择进化中，形成了代表不同民族、不同地域的居住文化环境。本节从建筑文化环境和邻里交往文化环境两类来讲解。

1) 建筑文化环境

建筑是居住小区景观的主体，建筑文化内涵往往代表着居住小区的特色。现代居住小区在整体布局、立面造型等方面都应吸收当地传统住宅和乡土建筑(如图1.3，图1.4所示)中的精华，并且站在设计创新的高度，结合新技术、新材料，塑造出丰富多彩的建筑景观形象。

图1.3　安徽宏村古民居

图1.4　福建土楼民居

2) 邻里交往文化环境

邻里交往可以形成物质和精神上的互助、情感和思想上的交流、行为上的约束并提供闲暇的消遣机会。居住小区景观在满足了居民物质层面的要求以外，在精神文化层面上要充分考虑当地的传统文化、社会风尚、生活方式、审美情趣、民俗传统、宗教信仰等因素，通过景观设计促进建立和睦的邻里交往空间环境。

4. 居住空间景观环境

随着住宅商品化的推进，居住小区景观环境已经成为衡量商品房价值的标准之一，并且景观设计成为商品房销售的一大卖点，无论是开发商还是规划师都越来越注重居住小区的景观设计。居住小区空间景观环境主要包括水体景观、铺装景观、绿化景观、照明景观等。

1.2 居住小区景观的发展

居住小区景观的发展，分别从我国传统居住空间形式、我国居住小区空间的演变、目前，我国居住小区存在的形式及居住小区景观设计的发展趋势从四个方面来讲述。

1.2.1 我国传统居住空间形式

中国传统居住空间形式是庭院一体化。《黄帝宅经》开宗明义地说："夫宅者，乃是阴阳之枢纽……"。传统的住宅，不仅是一个物质实体，而且是一个天地相通的枢纽，一个人与天地对话的中介物。因此，我国传统民居的布局，绝大多数采用四合院式布局，其中一个好处就是形成内聚空间。也正是这个原因，传统民居不追求外观的显赫与华丽，而注重内部的丰富多变、开敞流畅。

特别提示

传统的居住方式实际上就是传统文化的延续，在中国人的生存环境中，有强烈的领域属性的内向性，中国独特的"四合院"建筑充分体现了这一意向，领域空间代表了中国古代的生存环境。庭院作为一种空间形式，围合的本质与传统宇宙观、空间观对"家"的强调不谋而合，于是庭就成为家空间的表现形式。

1.2.2 我国居住小区空间的演变

居住小区的概念于20世纪中期左右在我国出现，当时的居住小区规划非常强调公共设施和空间的配套、居住小区生活的完整性、居住小区的可识别性和归属感。20世纪50年代我国居住小区的外部空间构成主要是在方整的用地上，道路采取自由迂回的布置，小区内配置小学、商店等基本生活服务设施。接着，出现了仿苏联模式的“街坊”，由四条道路包围住宅沿街道周边布置，围成一个相对封闭的内部庭园，其中有较多的绿化空间并设有托儿所等日常性服务设施。20世纪七八十年代相对完整和系统的规划理论开始出现，这时的居住小区规划在环境设计方面创造了便于生活的空间，但这种居住的外部空间并无太多的“积极性”，还不能形成真正的领域空间。20世纪80年代后期及90年代随着建设部试点小区的全面推广，逐步建立了居住小区功能、空间的分级和有序组织原则，并形成“小区—组团—院落”模式作为小区空间的基本架构，将小区划分为多个居住组团(群)，几个组团围合一个公共绿地或公共中心，这种分级组织的方式使小区的外部空间形成了一个完整、丰富的系列。

近几年，居住小区外部空间规划开始出现多元化和个性化发展的趋势，同时引入城市空间的概念和模式，包括城市的“街道空间”、“广场空间”等，出现了休闲空间，体现了城市空间向居住空间的延伸和渗透，丰富了城市的景观形象。

1.2.3 目前我国居住小区存在的形式

居住小区建设是城市工程建设的重要部分之一。随着时间和设计思潮的改变，目前我国居住小区呈现多元化的景象，主要存在以下几种形式。

1. 传统式街坊

这类小区多为新中国成立前老城区的“街坊”，建筑有一定的历史。小区内居民的社会身份接近，人际互动较强。在建筑形式和居民社会结构上，带有地方特色和传统特色，但基础设施较差，如图1.5所示。

图1.5 传统式居住小区

2. 乡村式综合小区

主要是20世纪70年代末，因为乡村城市化进而兴建的居住功能较为单一的大型小区。这类小区有一定的生活设施配套，一般具有多功能的小型商业中心，但由于建设历史较短、意识跟不上等原因，极度缺乏公共活动空间，如图1.6所示。

图1.6 新型乡村式综合小区

3. 房地产开发为主导式商业小区

以市场需求为动力的房地产迅速发展并作为一项产业出现。开发商在小区规划上比较重视环境质量和功能的完善，寻求有利于其楼盘销售的“景观概念”，如图1.7所示。

图1.7 商业居住小区

1.2.4 居住小区景观设计的发展趋势

为了促进居住小区景观环境规划设计的整体协调统一，促进居住小区景观环境建设的特色性和多样性，创建更加优美、舒适、经济的21世纪居住环境，提升居住小区景观环境建设的艺术美感和强化居民的社区交往，建设部于2001年拟订了《中国居住区景观环境规划设计导则》，使其成为继《城市居住区规划设计规范》之后的有关居住区建设的相关条例。

把经济效益、环境效益和社会效益结合起来，打破固式化规划理念，以营造最佳居住环境为中心，创造自然、舒适、亲近、宜人的景观空间是居住小区景观设计的新趋势。当前，人们在选择住房时，除了考虑房型和居住区外部环境(交通、购物、教育、文化、卫生设施等)之外，居住小区内部环境景观也成为决定因素之一。

1.3 居住小区景观设计风格

本节分别从自然风格、地域风格和现代主义风格三种常见居住小区景观设计风格来讲述。

1.3.1 自然风格

自然风格的居住小区主要倡导“回归自然”的思想。美学上推崇自然、结合自然，保持并强调各种自然造景要素，如海洋、山体、湖面、树林等；道路系统、住宅建筑以及公共设施等人工构筑物的设置均以不改变、不破坏良好的自然生态面貌为前提；建筑设计强调与自然风景的有机融合，材料材质多采用保留自身肌理的天然材料；植物种植较多选用乡土种类，展现一种融入自然的、和谐的居住环境，如图1.8所示。

图1.8 重庆中安翡翠湖居住小区

1.3.2 地域风格

这里将地域风格划分为中式山水、东南亚风格和欧式风格3类。

1. 中式山水

中式山水的特点是浑然天成，幽远空灵，把建筑、山水、植物有机地融合为一体，在有限的空间范围内利用自然条件，模拟大自然中的美景，经过加工提炼，把自然美与人工美统一起来，寓义于物，情景交融，创造出与自然环境协调共生、天人合一的艺术综合体，如图1.9所示。

图1.9 北京观唐别墅

2. 东南亚风格

此类风格泛指充满热带地域气息的园林风格，主要包括泰国、印度尼西亚等东南亚国家的传统园林景观。采用这类风格的主题楼盘多位于国内热带和亚热带地区的城市。这类风格园林常常糅合了早期殖民国和本地热带庭园的特色，如自由曲线的平面布局，注重户外构筑物的消遣功能，主要建材为木材，为遮挡热带强烈的日照挑檐尺度较大，并设置各种大小的水池以降低室外高温；植物长势茂盛、种类繁多、色彩艳丽，与开敞的建筑空间互为融合；受地域宗教的影响，构筑物构件、雕塑以及景观小品往往带有当地宗教符号，充满了神秘浪漫的东方文化色彩，如图1.10，图1.11所示。

图1.10 庭院水景

图1.11 挑檐建筑

3．欧式风格

欧式风格在目前市场上采用较多，这里的欧式风格包括了欧洲历史上影响较为深远的几种宅园类型：意大利台式园林、法国规整式园林、英国自然式园林。这些园林具有一些与东方园林区别的共性：强调几何形的构图布局，庭园中具有明显的轴线，沿着轴线与道路的纵横交叉点上布置宽阔的林荫道、花坛、河渠、水池、喷泉、雕塑等；园林植物常常修剪成锥体、球体、圆柱体形状，草坪，花圃则勾画成几何形的模纹花坛等，如图1.12，图1.13所示。

图 1.12 欧式居住小区空间景观

图 1.13 欧式居住小区建筑与雕塑景观

1.3.3 现代主义风格

21世纪初，西方新艺术运动及其引发的现代主义浪潮也对现代居住小区景观造成了一定的冲击。居住小区中现代主义风格的园林景观除了注重使用功能以外，在形式上逐渐开始一反模仿传统的样式，把现代艺术的抽象几何构图和流畅的有机曲线运用到构图中，形成了其简洁自由的设计风格，如图1.14，图1.15所示。

图 1.14　悉尼爱瑞尔公寓

图1.15　深圳云深处别墅

图1.14中的爱瑞尔公寓，其建筑立面和环境景观设计都运用了构成的设计手法，整个公寓充满了极强的现代感，时尚而简约。

特别提示

居住小区景观设计的风格有多种，但是设计的时候尽量不要多种风格相混淆，以免景观元素的缀余，只要有一种明确的主题风格就可以了。在确定居住小区景观风格的时候要考虑到小区的建筑风格以及周边景观的设计风格，尽量做到与整体相统一又具有突出的景观特色。

1.4 当前居住小区景观设计的弊端

目前，我国的居住小区环境景观存在的主要问题为设计盲目跟风、绿化率不足和景观缺乏与人的交流。

1．设计盲目跟风

综观我国住宅小区的环境景观建设，从南到北缺乏特色，盲目跟风的现象非常严重。目前很多居住小区景观设计趋于向欧美等西方园林形式靠拢，喜欢打“法国小镇”、“荷兰小镇”等旗号，采用大量的花坛、欧式花架及方尖碑等造园元素。园林设计师一味追求“洋”化的人居文化，而丢弃、忽视了几千年来我国所固有的深厚的传统居住文化底蕴。

2．绿化率不足

绿化率不足是现在居住小区景观设计中存在的一个最主要的问题。不少新建居住小区的绿化面积达不到国家或地方规定的标准。合理的居住小区绿化用地约占居住小区总面积的60%，绿化率的标准不能低于37%，而不少居住小区达不到这样的标准。

3．景观缺乏与人的交流

当前很多居住小区景观设计热衷于营造图面上美观的景观环境，尽管景观效果是一幅鸟瞰的优美的图画，但这种景观设计往往因为忽略了居住小区景观与人的交流性，偏离“以人为本”的设计理念，而成为设计师个人主观爱好的产品。

特别提示

我国居住小区景观设计的整体水平是值得肯定和学习的，但是其中还存在着一些问题。针对上面提出的设计弊端，希望让大家能够更加细致周全的对居住区景观设计进行分析思考，将这些弊端作为去努力克服的方向，让居住小区景观设计能够不断突破，塑造更加完善的居住环境。

1.5 居民行为与居住区景观设计

居民是居住小区的参与者，本节介绍居民的活动模式、居民行为的习性、居民对居住环境的需求和不同年龄段居民的心理行为特征。

1.5.1 居民的活动模式

居民的活动模式是多种多样的，按扬·盖尔的论述，提出居住区户外环境的模式主要有三种：必要性活动、自发性活动、社会性活动，如图1.16所示。

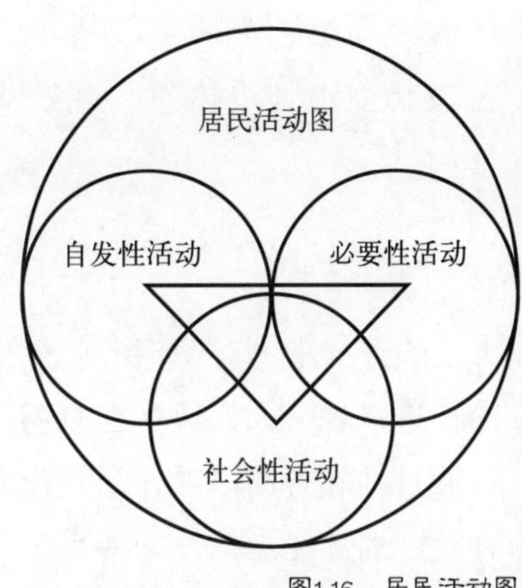

图1.16 居民活动图

1. 必要性活动

在各种条件下都会发生的，不受物质条件构成影响的，不由自主的活动，如上班、上学、购物、出差等日常行为，一般是必要的活动，一年四季都会发生。

2. 自发性活动

人们在户外进行的大多数活动都属于自发性活动，这类活动只有在户外条件适宜的情况下才会发生，依赖于一定的物质条件，包括锻炼、散步、驻足观望、晒太阳等，对于居住小区规划来说，这类活动是至关重要的，因为大部分户外活动都属于这一种。

3. 社会性活动

主要指依赖于其他人参与的活动，包括打招呼、聊天、游戏等各类公共活动，大多数情况下这种活动是由另外两种活动发展而来的，是一种连锁反应，人们在同一空间中活动就会自然引发社会性活动，社会性活动是由必要性活动和自发性活动促成的活动。

1.5.2 居民行为的习性

居民的有些行为动作带有明显的习惯性，包括依靠性、抄近路、看与被看、安静与凝思等。

1. 依靠性

据观察，人们喜欢停留在树木旗杆、墙壁、柱子、建筑周围等地方。人们往往想使自己置身于视野良好、不被人流干扰、又可以观察到别人的地方，如果人们找不到这样的小空间，就会选择依靠一个柱子、树木、建筑物、墙壁等，形成个人占有的领

图1.17　坐在水景边休息的人

域，从而凭借这一小的空间去观察周围的大环境，如图1.17所示。游人坐在装饰水景边休憩，观察周围的事物。

2. 抄近路

除了在散步、逛街等没有目的的行进以外，人们通常在有明确的到达的目标和方向以后，只要没有障碍物，一般选择走捷径。如果是营造一个散步消闲的良好环境，可以使用障碍物等来规定人们的行为，如设绿篱、假山、栏杆、矮墙等。

知识点滴：迪斯尼乐园的道路设计

关于抄近路有一个著名的案例。建筑设计师格罗皮乌斯在设计迪斯尼乐园的道路方案时，让施工人员在草地上播种草籽，乐园开放以后，人们在草地上自由穿行，踩出了许多宽窄不同的小道，设计师将这些小道设计成后来的交通道路。这个案例巧妙地运用了人走路的习惯，进行人性化的道路设计。

3. 看与被看

“人看人”这一行为特点其实自古就有。古代人们看庙会、春游、观灯等集体活动，在一定程度上也反映了人们对于交流的需求。通过观察发现，人们在休憩时都喜欢选择面对有人活动的位置，例如集体舞蹈、运动比赛、唱歌等活动，通过这种“人看人”的行为，人们可以了解外界的信息，了解他人的活动，设计师在景观设计时应考虑到人们的这一习性，提供看和被看的空间，如图1.18所示。

图1.18　广场上休息的人们

4．安静与凝思

在喧嚣的城市生活中，人们需要安静的状态休息和补充精力。在日常生活中会自觉或不自觉地进行许多安静或凝思的行为，如仰望天空浮想、躺在草地上回忆往事、凭栏注视着远方等。安静与凝思在一定程度上缓解了精神的压力，对身心健康起到有益的作用，如图1.19所示。

图1.19 在绿地上休息的人们

特别提示

居住小区景观设计的宗旨是为居民打造舒适幽雅的景观环境，其中很重要的一点就是景观设计要符合居民的行为习惯，让人们在景观环境中能够顺应平时的习惯和动作，获得一种自然的状态去享受环境的舒适。

1.5.3 居民对居住环境的需求

这里可以将居民对居住小区的需求分为如下5个层次：生理需求、安全需求、社会交往需求、休闲需求、美的需求。

1．生理需求

充足的阳光、良好的通风、新鲜的空气、没有噪声等这些生理需求是人们最基本的需求。

2. 安全需求

安全的需求包括个人私生活不受侵犯，避免人身及财产遭受伤害和损失等。安全的需求是人们的基本需求之一，没有安全一切就无从谈起，居住小区的安全主要涉及日常生活安全、防灾安全、防盗等几个方面。

3. 社会交往需求

人与人的接触、邻里关系、互助互爱等社会交往的需求是文明社会必不可少的人类活动。在城市化进程高度发展、工作节奏加快的今天，邻里交往更成为人们渴望心灵沟通、舒缓情绪的良好方式之一，居住小区环境能否满足人们的社会交往需求，关系到居民生活的幸福感。

4. 休闲需求

休闲需求指的是闲暇时间如何消遣。休息、游戏、文艺、体育、娱乐等，每个人爱好不同，内容十分广泛。对于居民来说，工作之余，茶余饭后，交流、休闲、娱乐是生活中不可缺少的部分。

5. 美的需求

美的需求不仅指赏心悦目的环境，还指在某些空间里人们感受到生活的美好。居住小区景观设计首先注意到人们对美的需求，从审美角度来对居住小区的景观环境进行全方位的规划设计，满足居民对环境美的追求。

特别提示

随着居民对居住小区景观需求的层层递增，为景观设计师提出的要求也就越来越高，需要从人们需求的层面对景观进行规划设计，从低到高，让居民的需求注意体现在设计当中。

1.5.4 不同年龄段居民的心理行为特征

根据年龄，这里将居住小区人群分为老年人、儿童和青年人，每个年龄段都有其不同的行为特征，见表1-2。研究不同人群的行为特征，有利于设计师更好把握居民对居住小区景观设计地需求。

表1-2　不同年龄段的行为特征

年龄段	生理特征	心理特征	行为特征	活动领域
老年人	感知能力退化、肌肉骨骼老化、行动缓慢、适应能力减弱	孤独、怀旧	喜欢健身、晒太阳、散步、静坐或观看他人	有依靠或有座位、阳光充足的地方
儿童	平衡感不强、容易兴奋、容易疲劳、抵抗力弱	好奇心强、模仿力强；想象力与创造力强、自我为中心	持续性差、好动、喜爱参与、探索和冒险精神	没有特定限制
青年人	精力充沛	情感的需求、交流的需求	喜欢运动	居住区运动场地

特别提示

在居住小区景观设计中，需要设计师掌握不同年龄段人的行为特征。针对不同年龄段人的行为特征进行设计，让小区中不同年龄段的人们都有根据各自特征设计的景观，使居民更有归属感。

本章小结

本章着重介绍了居住小区的概念、居住小区景观设计的几种代表性风格，近年来我国居住小区空间布局的演化过程和未来的发展趋势，目前我国的居住小区环境景观存在的主要问题，以及居民行为对居住小区环境景观的需求和不同年龄段居民的心理行为特征等。最终使学生懂得如何以“人性化”的设计理念通过技术和艺术的手段进行现代景观设计，优化居住小区景观环境，为人们创造视觉、行为和心理上的愉悦，达到在文化内涵、美学风格及功能特性等各个层面上满足人们对现代住区环境的需求。

习　题

1. 居住小区景观设计的含义及居住小区景观的构成包括哪些内容?
2. 简述我国居住空间演化的过程。
3. 简述目前居住小区景观设计的几种风格及各自的特点。
4. 与居住小区景观设计相关的居民活动模式和行为习惯有哪些?
5. 简述未来居住小区景观设计的趋势。

第2章　居住小区景观设计原则

教学目标

本章以居民的行为活动为中心，讲述居民与居住小区景观设计的关系，为居住小区景观的人性化设计打下理论基础。

教学要求

知识要点	能力目标	权重	自测
安全性原则	掌握居住小区景观设计中的道路安全、水景观安全、无障碍设施安全	20%	
经济性原则	注重节能并合理利用土地资源，并尽可能地采用新技术、新方法	15%	
地域性原则	居住小区景观设计要把握地域的历史文化脉络，与地区特色相统一	15%	
持续性原则	掌握居住小区自然环境和社会环境的可持续发展	10%	
参与性原则	充分掌握参与性在居住小区景观设计中的意义，使居住小区设计更加人性化	10%	
整体性原则	要全局、整体掌握居住小区景观设计规划	10%	
识别性原则	了解易识别性运用的具体环境	10%	
私密性原则	掌握居住小区景观设计私密性营造的方法	10%	

章前导读

本章介绍居住小区景观设计的原则。主要包括安全性、经济性、地域性、持续性、参与性、整体性、识别性、私密性原则，这些都是贯穿在居住小区景观设计过程中的一些基本原则，设计者需要在实践过程中进行更深入的体会。

2.1 安全性原则

安全性需求是居民最基本的需求。安全的居住小区环境可以提高居民的生活质量，增强归属感。安全性在设计中不仅体现在空间安全感营造方面，而且体现在景观元素的设计上，例如，道路安全、水景观安全和无障碍设施安全。

1. 道路安全

随着车辆的普及，居住小区中机动车的数量越来越多，内部交通安全问题也逐渐暴露出来。人车混行的居住小区，要处理好道路的规划、引导和改造，消除道路交通给居民带来安全隐患。

2. 水景观安全

水的深度直接影响居民生活的安全性。水景观设计应该考虑到儿童、老人等特殊人群的活动特点，在水边应设置各种警示牌，如果水过深，还需要采取进一步的安全措施。

水质问题同样是居住小区景观设计中应该注意的安全问题。许多水景观设计之初水质不错，但水循环设计不到位，夏天蚊蝇滋生，使美景变成陋景，直接影响居民的健康、安全。

3. 无障碍设施安全

在无障碍设施设计中应该注重环境的安全性设计，为特殊群体提供安全放心的生活环境。

知识点滴

无障碍设施是指保障残疾人、老年人、孕妇、儿童等社会成员通行安全和使用便利，在建设工程中配套建设的服务设施。包括无障碍通道(路)、电(楼)梯、平台、房间、洗手间(厕所)、席位、盲文标志和音响提示以及通信，信息交流等其他相关生活的设施。

2.2 经济性原则

经济性原则是居住小区景观设计的宗旨。居住环境建设在把握经济性的前提下，提高户外环境的使用率。通过相对少的投入最大限度地提升居住区户外环境效果，尽量减少轴线式喷泉水景、罗马柱、尺度夸张的中心广场、大草坪等与人的使用限度相背离的设计手法，在满足生态功能要求的基础上，使户外环境设计真正为人服务，而非只是从感观上吸引人的眼球。

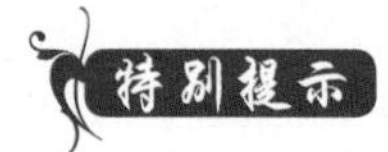

居住小区景观设计应顺应市场经济发展需求及地方经济现状，注重节能并合理利用土地资源，并尽可能地采用新技术。

2.3 地域性原则

居住小区景观设计要把握地域的历史文化脉络。设计者在景观设计之初要对居住小区所在的地域文化、民俗风情等进行调研，通过对地域文化的珍视，使居住者得到精神上的慰藉。我国幅员辽阔，景观设计的主题要充分体现地方特征和基地的自然特色。如青岛“碧水蓝天白墙红瓦”体现了滨海城市的特色；海口“椰风海韵”则是一派南国风情；重庆“错落有致”应是山地城市的特点；而苏州“小桥流水”则是江南水乡的韵致。

居住小区景观设计还应充分利用区域的小地形、地貌特点，一方面运用我国古典园林景观营造的精髓，利用自然、依托自然；另一方面用现代的技术手法借景而造景，从而塑造出富有创意和个性的景观空间，如图2.1～图2.4所示。

图2.1　杭州东方郡居住小区亲水平台

图2.2　杭州东方郡居住小区下沉广场

图2.3　杭州江南豪园居住小区廊桥和凉亭

图2.4　杭州江南豪园居住小区水中凉亭

2.4 持续性原则

居住小区景观设计走可持续发展的道路，具体表现为自然环境的可持续发展和社会环境的可持续发展。

1．自然环境的可持续发展

居住小区景观设计要真正体现生态的内涵。居住小区景观设计不仅要提高居住区的绿化率，加大水体的面积，还要将居住小区景观设计作为自然系统中的开放子系统，合理利用现有条件，保护和治理生态环境，避免过多空间闲置，造成空间的浪费；避免超过实际使用需要的环境尺度；合理采用节能的活动设施和小品，避免不必要的豪华装饰所造成的浪费。

特别提示

回归自然、亲近自然是人的本性，也是居住发展的基本方向。居住区景观设计第一步，就要考虑到当地的生态环境特点，对原有土地、植被、河流等要素进行保护和利用；第二步，就是要进行自然的再创造，即在人们充分尊重自然生态系统的前提下，发挥主观能动性，合理规划人工景观。

2．社会环境的可持续发展

在居住小区景观设计时，要充分考虑社会可持续性发展的原则。随着社会的进步，科学技术的提高，居民们势必会对居住小区的功能提出更高的要求。任何一个当前看似完美的景观设计在时间的长河中必会露出某些缺陷，因此设计者在景观设计时要考虑到更长远的需求，为小区的未来发展留下余地，以供日后居民根据他们的实际体验进行建设。

特别提示

户外空间留有余地、住户共同参与共建的设计策略，可以真正做到以人为本。在欧洲的一些国家，这种设计方法已经在一些社区取得了成功。

2.5 参与性原则

居住小区景观设计中居民的参与具有重要的意义。居住小区景观设计的目的是为居民提供一个可以参与交往的空间，这是住房商品化的特征。居住小区景观设计必须要能够唤起居民的参与性，让居民享受生活在居住小区景观环境中的乐趣。例如设置一些互动性、体验性强的景观或设施，能够充分调动起居民的参与性；还可以通过居民对环境的绿化、美化以及维护工作的参与，既让环境满足了居民的需求，又在参与的过程中加强了居民间的了解和认同，为居民的和谐交往也提供了一种途径。

2.6 整体性原则

居住小区环境的整体性原则主要体现在各类空间的设置比例适当，设施的配置位置、数量平衡，植物配置整体统一。在居住小区景观的设计中，各类空间相互联系，交织成网，形成住区的空间网络，这个网络要与居住小区整体规划和谐统一。

特别提示

景观设计的主题与总体景观定位是一体化的，正是其确立的整体性原则决定了居住景观的特色，并有效地保证了景观的自然属性和真实性，从而满足了居民的心理与情感需求。

2.7 识别性原则

居住小区景观设计中的识别性原则是指置身于景观空间中的人们能够轻松地对空间、方位等进行识别并作出快速的判断。对于整个环境来说，只要方向明确，结构清晰，即使有局部存在一些认知模糊的区域也不影响整体环境的可识别性。在居住小区景观设计中有许多方法可以提高住区的可识别性，如树立标志物、设计节点、创造独特的景观小品、形成特有的空间环境等。

特别提示

识别性是对设计者提出的更高要求，在规划之初就要想到置身景观空间中的辨识感受。成功的景观设计能够让人轻松地对空间、方位等进行识别并作出快速的判断。

2.8 私密性原则

居住小区景观设计中的私密性原则主要指在景观设计中让居民生活的私密性能够得到保障。现代居住小区开放程度越来越强，容纳的居民也越来越多，尤其与建筑的底层相连的景观设计应该考虑私密性处理。例如可以在住宅前用栅栏围出一定范围，作为住户花园，加强住户的私密感和控制感；还可以在围墙设计时，将视线以下的部分设计成实墙，视线以上部分设计成栏杆或木栅栏，视线可以穿过，这样住宅内的人可以看到花园以外的情景，外面的人看不到花园里面的情况，既保证了私密性，又不阻挡室外的景观引入室内。

本章小结

通过本章的学习，大家已经了解了居住小区设计应遵守安全性、经济性、地域性、持续性、参与性、整体性、识别性和私密性原则。在进行居住小区景观设计实践之前应该对基本的设计原则有深刻的认知和掌握，作为设计约束和必须遵循的准则，设计原则可以更有力的辅助设计者进行更全面的分析，引导设计者理清设计的思路，帮助设计者进行准确的设计定位。

习　题

1．简述安全性在居住小区景观设计中的意义。
2．经济性原则为什么是居住小区景观设计的宗旨?
3．持续性在居住小区设计中的含义是什么?
4．居住小区景观设计参与性原则的意义是什么?
5．整体性原则在居住小区景观设计中包含的意义。

第3章　居住小区景观设计步骤

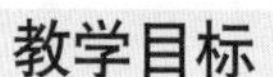

教学目标

本章要求学生了解居住小区景观设计的三个阶段，并且按照顺序进行学习，掌握每个阶段的学习目标。居住小区景观设计的学习是一个由总到分、由浅入深的认识学习过程，通过本章的学习使学生不仅能够对居住小区景观进行有条理有秩序的整体规划设计，而且能够注意到每个阶段的设计细节。

教学要求

	知识要点	能力目标	权重	自测
1	基地分析	了解基地环境因素，进行居住小区基地总体分析，把握居住小区与景观空间的关系	20%	
2	景观总平面设计	把握居住小区空间总体布局，了解与景观设计相关联的建筑形式	35%	
3	景观项目方案设计流程	掌握居住小区景观方案总体布局、景观方案设计的程序	45%	

章前导读

在居住小区景观设计中，设计师需要对此阶段统筹把握，了解该居住小区的总体规划，建筑风格。本章将居住小区景观设计分为景观基地分析、景观总平面设计、景观项目设计流程3个阶段，并对每个阶段需要完成的设计目标进行讲解，让学生对居住小区景观设计程序及方法有更清晰的认识。

3.1 第一阶段——基地分析

3.1.1 居住小区基地总体分析

基地环境分析包括对基地所处地理位置、生态条件、地域文化和历史遗存和土地使用状况等方面的分析。这个过程需要设计师进行实地勘察，从基地自身的环境特征出发，研究基地与周边、基地与城市的关系，形成对基地的系统认识，基地分析阶段涉及的内容具体见表3-1。

表3-1 基地分析阶段主要内容

基地分析阶段	经营	预算、资金、效益等	
	工程技术	测量、基本法规、所有权、周围地块状况、地下物体、用地性质、开发强度、公害状况、给排水、燃气、电、垃圾处理设施等	
	自然因素	水文	水深、水质、水底基质
		土壤	土质、土壤类型
		植被	乔木、灌木、地被、水生植物
		动物	种类、数量、栖息地
		地貌	海拔、坡度、坡向
		气候	区域气候、场地小气候
	人工因素	人工构筑物	质量、高度、类型、分布状况
		历史遗存	文物保护等级、保存状况、分布
	周边环境	道路交通	车流方向、人流方向、车流量、道路
		社会条件	用地类型、当前场地的城市规划与预测、基础设施规划、城市环境与景观等

3.1.2 居住小区与外部环境的关系

居住小区是城市的有机组成部分，与城市有着密不可分的关系。居住小区景观设计要与城市建设相协调，并与城市空间相联系。

1．与城市建设的和谐

居住小区景观设计要与城市建设相协调。为奠定城市空间结构的统一性，居住小区建筑和景观环境均以服从城市整体设计为基础，保持项目与周围城市建筑在设计风格上的统一和在区域整体布局中的和谐，同时要注意项目不同时期工程风格的一致性。

2. 与城市空间的联系

居住小区内部的空间应该与周边其他城市公共空间串联起来，强化空间的联系，实现功能的互补。居民可以方便到达城市公共空间，激活居住小区边界的消极空间。例如，毗邻城市河道的住区宜充分利用自然水资源，设置滨水景观绿化带；临近城市公园或其他类型景观资源的住区，应有意识地留设景观视线通廊，促成内外景观的交流。

3.1.3 居住小区内部地形分析

地形是外部环境产生变化的重要契机，建筑与地面接壤的形式形成不同的景观效果。居住小区的地形主要有山地、微坡和平地。

1. 山地

在处理山地地形的时候，因势利导，巧妙兼顾土方量的同时形成特有的山地景观，如图3.1，图3.2所示。

图3.1 杭州万科白鹭郡居住小区(山地地形)

图3.2 杭州东方郡居住小区微坡景观

2. 微坡

当地面与微坡高差不到一米时，一般都不用回填的手法夷为平地，而是巧妙结合景观剖面处理，形成曲线富有魅力的缓坡景观。如图3.3，图3.4所示，由于微小的坡度，外部环境瞬间变得富有起伏的节奏，结合建筑立面基本为方框的构图，外部环境的弧线构成柔化了建筑立面的理性色彩，增强了外部环境的可观赏性，协调了建筑和外部环境的空间形态的融合。

图3.3 居住小区景观微坡　　图3.4 居住小区楼道入口景观微坡

3. 平地

平地在视觉景观上给人带来的空间感受相对较弱。起伏变化不大的地形往往会减少工程建设量、便于设置各种户外活动场地，因而设计者应将主题表现的重点放在居住小区户外活动空间的塑造上，通常适合在平地地形上设置运动场地、入口广场、主要道路，如图3.5所示。

图3.5 居住小区入口主入口道路绿化

特别提示

为了减弱过多平地地形在视觉空间上的单调感，可以人为地做一些起伏的拉坡变化，从而丰富了绿地的空间层次和结构变化，增强了艺术感染力。

3.1.4 居住小区主题定位与外部环境的关系

居住小区景观设计主题定位是在对基地自然条件和基地与外部城市关系分析的基础上，根据地产开发项目的具体目标，通过客观的市场调研与分析，提出的相应主题核心理念，用以指导和约束后续的详细规划、景观设计、后期营销等各专项工作。这里将居住小区主题大致分为景观资源和生活方式两类，见表3-2。

表3-2 居住小区主题定位

<table>
<tr><td rowspan="7">居住小区主题定位</td><td rowspan="4">景观资源类</td><td colspan="2">自然景观</td><td>上海青浦东方庭院</td></tr>
<tr><td rowspan="3">人文景观</td><td>场所精神的继承</td><td>杭州万科·良渚文化村</td></tr>
<tr><td>人文景观的营造</td><td>杭州欣盛东方郡</td></tr>
<tr><td>自然与人文景观结合</td><td>杭州钱江新城居住群</td></tr>
<tr><td rowspan="3">生活方式类</td><td colspan="2">强调区域特征</td><td>老城区、中央商务区、大学城等</td></tr>
<tr><td colspan="2">休闲生活方式</td><td>高尔夫球场、奥林匹克花园</td></tr>
<tr><td colspan="2">明确目标人群</td><td>教师公寓、公务员小区、老年人公寓、豪华别墅</td></tr>
</table>

1. 景观资源类

1) 自然景观

我国幅员辽阔，许多城市本身便具有鲜明的自然地貌特征，如碧海蓝天的热带滨海城市三亚、毗邻江岸的人间天堂杭州等。基地内部或周围固有的自然景观包括内部的树林、基地外围的山体湖泊等。伴随快速城市化对城市生态环境的日益破坏，越来越多的人在选择居住场所时偏好自然景观特征明显的区域，如位于上海青浦的东方庭院、杭州的万州・良渚文化村和欣盛东方郡等。

2) 人文景观

人文景观是塑造具有特色居住小区的重要方法，主要有三种途径。

①场所精神的继承

场所精神的继承是根据基地固有的某种人文资源，在尊重、保留、继承原有地域文脉的基础上引发主题。因为原本的场所精神内涵已对当地居民的生活产生了无形的影响，人们的内心对原来的场所已经形成习惯性的心理定势，所以这类主题往往较易获得认可，如杭州万科•良渚文化村，其主题构思的来源就是原良渚时期文化符号为造型而设计的景观设施如图3.6～3.9所示。

图3.6　水上凉亭

图3.7　植物容器

图 3.8　装饰水景

图 3.9　路边标识牌

特别提示

万科水晶城居住小区内保留了原玻璃厂非常有代表性的设施，并且将它们巧妙的融汇到了小区的景观设计中，很好的体现了场所精神。

图3.10　幕布式水景

②人文景观的营造

通过模拟再造的方式来创造一种全新的、基地本身所欠缺的人文景观。这种方式常常因为建设周期短、利于概念推广等特点而被开发商较多采用，但在实际运用时还应考虑再造的人文景观是否与所在城市地域民俗文化、主流审美观念的冲突问题，如图(杭州欣盛东方郡)3.10所示。

③自然与人文景观结合

将自然景观与人文景观有机结合而形成居住主题，赋予环境更多的功能性和观赏性，往往比单一的自然或人文景观主题层次更丰富、更耐人寻味。如杭州钱江新城居住小区地处沿江两岸，东西走向的钱塘江景致尽入眼帘。住宅组群的规划充分利用基地本身沿着江岸线迂回弯曲的地形及由西而东的天然地势，以高低错落有序的几何立体组合，创作出一个富有时代感的江岸建筑群，营造一种滨江观光胜地般惬意的生活氛围，如图3.11所示。

图3.11　杭州钱江新城居住小区

特别提示

居住景观提纯和演绎了自然环境、建筑风格、社会风尚、生活方式、文化心理、审美情趣、民俗传统、宗教信仰等要素，再通过具体的设计方式表达出来，能够给人以直观的精神享受。

2．生活方式类

1) 强调区域特征

在现代城市发展中，空间上产生了功能结构、文化生活、建成环境等多种因素导致的区位差异。这种差异很大程度上决定了该区位地段在城市分区中的功能角色，如历史老城区、中央商务区、大学城等。

特别提示

强调所在区位的居住主题定位往往与其用地所有的优势生活资源和生活方式关系密切，如与CBD商务区、IT工业园区毗邻的SOHO、SOLO住宅、利用周边良好的教育文化环境的学区房等。

2) 休闲生活方式

随着现代都市生活节奏的加快，人们更渴望休闲的生活方式。当项目将单纯的居住功能和休闲生活概念完美结合，以此为主题定位可以增加项目的生活气息和文化品味。由于定位于某些受众广泛的休闲活动，所以居住小区景观上也会产生自身的特色，如别墅区的高尔夫球场、奥林匹克花园、乐活小镇、开展运动主题活动的户外场地等。

3) 明确目标人群

居住小区在设计定位上应该明确突出目标人群。大量研究及实际调研证明，相近职业、学历、收入以及身份背景人有同质聚居性，这个特点有利于形成融洽的社区文化。居住小区建设中围绕此类主题展开的主要类型包括：相近社会文化阶层聚居的教师公寓、公务员小区；相近年龄阶层聚居的老年人公寓；相近经济阶层聚居的豪华别墅等。

特别提示

对目标人群的准确定位可以清晰的引领整个设计过程，突出设计的重点，展示方案的优势，并且有利于日后的楼盘销售。

3.2 第二阶段——景观总平面设计

景观总平面设计阶段涉及的内容非常多，具体要看完成的设计内容，见表3-3。

表3-3 总平面设计阶段主要内容

总平面设计	建筑空间布局分析	建筑空间组合形式、景观朝向、建筑界面与景观空间
	总体布局	景观空间整体结构组织形式(包括下沉空间、地面拉坡)
	功能分区	公共服务设施用地、道路停车用地和公共绿地
	交通路线	主、次入口、步行路线、车行路线、服务路线、交通枢纽设施的关系停车场位置与规模
	景观设施概要	设施的名称、功能、造型、材质，色彩、展示形式、数量、规模、风格、相互关系等
	植物配置	乔木、灌木、地被

3.2.1 建筑空间布局分析

在景观空间总体布局之前，要首先要对居住小区主体建筑布局、楼层高低、建筑造型、建筑结构、建筑风格、材质、色彩等进行分析。了解建筑的布局形式对居住小区景观设计至关重要，两者相辅相成，缺一不可，景观设计不仅丰富了建筑的场所空间，而且使建筑空间在生态环境和人文景观建设方面得到升华。建筑的布局形式大致分为以下两种。

1. 建筑空间组合形式

1) 行列式

建筑的行列式布局是按照一定的方向排列，其优点是绝大多数的居民能够得到一个比较好的朝向，缺点是绿化空间比较小，景观设计相对单一。

① 错接组合

建筑错接组合是指各单元之间错位排列关系，通过错接，必然形成富有变化的室外空间，使外部环境的光影关系加强，建筑空间的节奏、韵律发生变化，如图3.12所示。

② 环抱组合

建筑的环抱组合是指各单元之间通过旋转后产生的环抱的排列关系。通过环抱，必然形成富有变化的室外空间，外部环境的光影关系加强，建筑韵律发生变化。环抱产生的弧线，给行列式平行的直线注入了柔性的元素，空间关系瞬间变得活泼灵动，加强了建筑和外部环境的协调性，如图3.13所示。

图3.12 错接组合

图3.13 环抱组合

2) 周边式

建筑的周边式组合排列，其优点可形成较大的绿化空间，有利于公共绿地的布置；其缺点容易形成较封闭的院落空间，使较多的居室朝向差或通风不良。在景观设计时要统筹全局，合理布局，如图3.14所示。

3) 混合式

当今居住小区主体建筑设计，混合式排列较多，由于兼顾了行列式和周边式两种组合形式的优点，对后期景观设计和景观布局有更大的想象空间，如图3.15所示。

图3.14 周边式布局

图3.15 混合式布局

2. 景观朝向

景观朝向的处理，相信每一位建筑设计师都力求让居住小区居民拥有良好的视觉景观效果；把景观核心最大限度地渗透到居住空间内。如图3.16为著名的香蜜湖的水榭花都楼盘，为了将沿湖美景最大限度地渗透到楼盘的套型内，采取了以湖为圆心的向心式空间结构，将大部分界面迎向风景区，形成了经典的“聚宝盆”的空间结构，将湖水的美景利用到了极致。

图3.16　水榭花都景观朝向设计

3.2.2　与景观设计相关联的建筑形式

与景观设计相关联的建筑形式有底层架空式建筑、平台式花园、基地特色建筑形式和建筑界面与景观环境。

1. 底层架空式建筑

此类建筑形式适于我国南方城市。建筑物架空处理时，应对居住小区气候环境条件(如湿度、通风等)进行可行性分析，尽可能地保护原有基地上的良好植被和生态系统的稳定性。在户外气候条件恶劣时，架空底层还可以作为居民的公共活动空间。其可配置适量的活动设施，如图3.17，图3.18，图3.19，图3.20所示。

图3.17　底层架空式公共空间景观1

图3.18　底层架空式公共空间景观2

图3.19　底层架空式公共空间休息茶座

图3.20　底层架空式公共空间活动设施

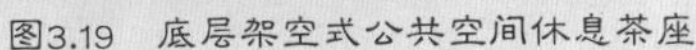

特别提示

架空层作为通向住宅的必经公共空间，起到了空间的过度作用。在现代居住小区景观设计中，架空层往往成为了一处景观设计亮点，比如加设优雅的休息茶座、铺设文化石、摆放装饰小品和装饰绿化等，提升了住宅的品位。

1) 平台式花园

平台式花园的构筑应结合地形条件及使用要求。平台下部空间宜作为停车库、辅助设施用房或商场、俱乐部等，平台上部空间宜作为安全、美观的使用场所。平台绿化设计要分析研究平台下部结构的承载力及小气候条件。平台式花园的设计应解决好平台花园的给排水及下部采光问题，并结合采光罩进行景观规划设计，如图3.21 所示。

图3.21　平台式花园景观

2) 建筑界面与景观空间

处理好各界面的过渡是建筑设计和景观空间布局的关键。将建筑立面与景观空间布局相互融合的方法有两种：第一，利用植物配置将地面空间环境与建筑立面有机结合。如图3.22所示。第二，利用景观小品将地面空间环境与建筑立面有机结合。如图3.23所示。

图3.22 植物景观与建筑立面有机结合

图3.23 凉亭与建筑立面有机结合

3) 地下车库屋面与景观空间

地下车库的人行入口同时也成为地面外部环境的景观建筑小品，这是居住小区景观设计中常用的方法，体现了建筑与外部环境的互动。通常在入口进行绿化，车库人行入口屋面形式可能是透明的构架或者以居住小区地面作为顶盖，如图3.24所示。

图3.24 地下车库人行入口植物景观

特别提示

以地面为构架的屋面往往与居住小区整体绿化相统一，减少车库建筑的突兀感，让绿化与车库屋面建筑形成自然的融合关系。

4) 地面景观空间与下沉景观空间

地面景观空间与下沉景观空间的巧妙结合，能使景观设计与建筑主题相得益彰，从而丰富了居住小区的空间层次和结构变化如图3.25，图3.26所示。

图3.25　下沉空间与环境景观

图3.26　下沉空间与环境景观

3.2.3　景观方案总体布局

根据建筑的布局以及与建筑相关联的景观形式的把握，进行景观设计的总体布局，见表3-4。

表3-4　居住小区环境景观结构布局

居住区分类	景观空间密度	景观布局	地形及竖向处理
高层居住区	高	采用立体景观和集中景观布局形式。高层住区的景观总体布局可适当图案化，既要满足居民在近处观赏的审美要求，又需注重居民在居室中向下俯瞰的景观艺术效果	通过多层次的地形塑造来增强绿化率
多层居住区	中	采用相对集中、多层次的景观布局形式。保证集中景观空间合理的服务半径，尽可能满足不同年龄结构、不同心理取向的居民的群体景观需求，营造出有个性特色的景观空间	因地制宜，结合居住小区规模及现状条件适度地形处理
低层居住区	低	采用较分散的景观布局，使居住区景观尽可能接近每户居民，景观的散点布局可结合庭院塑造尺度适合人的半围合景观	规模不宜过大，以不影响底层住户的景观视野又可满足其私密度要求为宜
综合居住区	不确定	宜根据居住区总体规划及建筑形式选用合理的布局形式	适度地形处理

3.3 第三阶段——景观项目设计流程

在实际景观项目中，景观设计师在前两个阶段应查看相关资料，了解整个小区的主题定位及建筑风格，然后进行景观方案设计。之后需要进行景观总平面图、功能分区、交通流线分析、主要景点透视图、植物种类配置分析，景观元素意向图、鸟瞰图等的设计工作，也就是所谓的景观项目设计流程。

景观工程项目设计流程

前 沿

当今社会对景观设计行业的要求越来越高，每当接到一个工程项目时(也就是拿到一份甲方的景观工程项目委托书)，第一反应是怎么合理的去安排和利用时间，如何才能做到多快好省地去完成工作。

其实这里需要有一个完整的计划去合理安排和控制时间，现如今社会上所做的工程项目最多的就是两种性质的景观设计，一种是企业地产，另一种是政府用地。一般这两种大致也就包括：居住区景观、商业景观、道路景观和公园景观、滨水景观等。

一、项目委托书及现场调研

当接到景观工程项目设计任务后，首先是需要甲方选派对现场基地熟悉的人陪同设计师到现场实地调研，收集一些现场信息和设计前必须掌握的原始资料，同时需要和甲方进行很好的沟通，了解整个项目的总体框架和确定基本方向、服务对象。只有把握了这几点，在以后的设计过程中设计方才能避免违背甲方的设计意愿。

接下来甲方必须提供如下的资料：现状地形及红线图、综合管网图，有时候还需要建筑布置图、单个建筑一层平面图及立面图等资料。

二、项目总体规划

在现场收集完资料以后，就要开始进行整理和归类资料。与设计小组一起研究甲方给的委托书，上面有甲方对项目的各方面要求：如总体定位、造价估算、经济技术指标、一些细部要求和设计周期等。然后制定从草图到深化过程的时间。但是一定要注意规范要求以及甲方的一些特殊的要求(比如甲方的造价是每平米控制在三百元以内，假如项目设计内有很多水景，很多高档石材，这样可能跟甲方的成本意愿有出入。

特别提示

希望大家在了解甲方意愿的同时必须考虑到当地的一些地理环境，气候条件，这样才能因地制宜。在进行景观设计时，首先要考虑到交通与环境的关系，特别是设计规范内容强制性规定的消防通道及登高面原则，再结合设计要求美观、实用、经济、持久等原则。

三、项目详细设计

经过强制规定及方案确定后修改的构思，再次需要设计总监或者项目负责人召集设计人员一起讨论、集思广益、多层次多方位的听取其他设计师的意见，一起交流沟通，提高设计的内涵和新意。

杜绝一个人埋头苦干，要多次交流沟通，因为一般情况下甲方给的时间都很紧迫，避免浪费时间，因为设计本身就是个团队分工合作的模式。如果只求进度，那样设计出来的内容肯定是枯燥无味，肯定是不能符合设计要求的。但是如果不停的修改方案构思，过多的追求画面华美，忽略了设计本身的质量，也是不可取的。所以应该根据多次的沟通、规范的要求来一步步的确定下来，不能说是绝对的完美，但尽量做到最好。

知识点滴：方案包装

方案完成后，就要开始包装了，这项程序至关重要，内容包括：设计说明、方案平面图、功能分区图、交通游线图、植物种类配置图、水电管网布局图、视觉分析图、各类节点大样图、透视图、立面、剖面图、投资估算等用图纸和文字结合起来形成一套完整的方案文本。

四、甲方的反馈意见

一般甲方在听取设计方的汇报结束后，会结合文本的内容在规定的时间内给予乙方的一些建议与意见。因此需要根据甲方的意见来进行调整。但是如果是甲方想改变设计风格或者想在总规方向有大的调整，那就需要商量交付时间，或者另当别论。

特别提示

在甲方反馈信息的时候，必须认真听取甲方的意见，对甲方不合理的意见要在会后好好沟通以充分的理由说服甲方，不要怕惹恼甲方，其实这样会赢得甲方更多的好感和信任。但绝不能拖延时间、要积极主动调整，这样会对今后的工作产生积极的推动作用。

五、专家评审会意见

一般市政项目都会由甲方组织专家评审团，集中一到两天的时间，进行一个专家论证。出席人员一般都是各方面的专家、甲方领导、市委区委领导和设计方的项目负责人和主要设计师。

首先需要设计方在指定的时间内对方案全方位的阐述，要透彻、直观、针对化。一般汇报完后，专家组需要向设计方提出一些疑问。但是一般都是几天后，甲方会将专家组的评审意见发送给设计方，负责人需要对每条意见进行明确答复，对于有意义的专家意见，需要立即落实到方案上。

六、扩初设计

在结合以上的全部意见调整以后，就需要进行扩初设计了，一般都是CAD软件来绘制完成的，这就需要更加详细、深入的总平面、竖向设计、绿化设计、照明设计、电气图、给排水图、各类铺装样式、具体做法、各类小品构架的平、立剖面图、各类材质的组成等。

特别提示

做完以上内容，需要向方案一样制作成文本由甲方组织专家组评审，等待反馈意见。最后修改意见。

七、施工图设计

首先需要各类专业设计人员(包括水、电、结构)结合原始地形图和综合管网图到现场勘探地形，之后进行各自的制作及其内部审核，最后出具正式蓝图。

八、施工图交底

一般甲方收到图纸之后，会联系监理、施工方对施工图进行读图来理解图纸的意思，之后会进行一个交底会。设计人员要从各方面对其他部门看出来的意见进行答复。

九、现场配合

俗话说："三分设计，七分施工"。这就要求设计师不定期到项目施工现场观察，有很多意想不到的问题需和施工方沟通交流，要不停地发现问题并及时解决，这样不仅对设计师自身经验的积累有益，同时还是对工程质量、工程的设计意图完美的实施也是十分重要的。要求设计师必须具备良好的职业道德和高尚的敬业精神，同时还具备高超的专业能力和审美能力，能应付很多现场突如其来的各种问题，包括专业性很强的技术问题(比如水电、结构、植物等)。这样才能很好地把控整个项目的顺利实施。此外，很多项目并不是在固定城市，设计师不可能长时间待在一个施工现场，因此需要所有参与人员共同努力，才能将设计与施工完美的结合。

本章小结

本章主要讲解了居住小区景观设计的详细步骤以及每个步骤的设计方法。这里将居住区景观设计分为5个阶段，分别是基地分析、建筑和景观总平面设计、景观方案设计、施工图绘制和施工阶段，每个阶段都有需要完成的设计目标。景观设计始终将理性的思考与感性的创意相结合，在不断的分析与限制中寻找突破，居住小区景观设计的5个阶段可以帮助读者循序渐进地掌握居住小区的设计程序，有助于理清读者的设计思路，在不同的阶段重点解决一些主要问题，帮助学生进行有条理有秩序的分析、思考和设计。

习　题

1. 简述居住小区景观设计的步骤。
2. 基地分析包括哪些内容?
3. 居住小区景观设计主题定位有哪些方法?
4. 居住小区景观平面总规划阶段需要完成的任务有哪些?
5. 居住小区景观方案设计包括哪些内容?

第4章 居住小区景观设计方法——场所景观

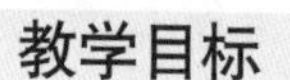

教学目标

本章主要介绍居住小区的场所景观设计，分别对居住小区中几个有特点场所的景观设计进行讲解，分别包括主次入口、中心广场、老年活动区、儿童游戏场地、健身运动场所和停车场地等的景观设计。本章要求学生了解每个场所的特点，掌握各场所景观的设计方法，能够在实际设计当中使场所景观设计更加人性化，为居民打造更具特色的居住环境。

教学要求

知识要点	能力目标	权重	自测
场所景观	掌握场所景观的概念和居住小区场所景观设计要点	20%	
主次入口景观设计	了解居住小区主次入口景观功能及构成要素，掌握入口景观设计方法	20%	
中心广场景观设计	了解居住小区中心广场景观的功能和作用，掌握景观元素的构成形式、材质变化、色彩搭配、设计要点和方法	20%	
老年人活动区景观设计	了解微气候优化、空间层次划分和绿化在老年活动区设计中的作用	10%	
儿童娱乐场地景观设计	了解我国居住小区儿童游戏场地设计现状，掌握儿童娱乐场地景观的设计方法	10%	
健身运动场所景观设计	了解居住小区运动场用地标准、常见运动场地分类、运动器械和运动场地的规划要求	10%	
停车场地景观设计	了解私人汽车发展与居住小区规划的矛盾，掌握停车场地景观设计方法	10%	

章前导读

对居住小区景观进行设计之前，需要明确居住小区景观设计的概念、居住小区景观设计的发展现状以及居民与居住小区景观设计的关系。通过这些内容的学习，能够为设计实践部分的学习打下理论基础。

4.1 场所景观

本节需要学生理解场所景观设计的概念及场所景观的内容、各景观元素的功能和设计要点。

4.1.1 场所的概念

场所的意义是人的活动赋予的，离开了人也就无从谈起场所。作为场所，一般应具有以下三个条件：第一，有较强的吸引力，能将人聚集起来；第二，能提供人活动的空间，让人在其中进行各自的活动；第三，时间上能保证持续某种活动的使用周期。对于场所和领域，芦原义信[1]认为考虑空间领域时，无论如何必须有边界线。

4.1.2 居住小区场所景观设计

1. 场所特征

居住小区场所景观设计主要是场所特征的塑造。提倡从小区的大环境出发，通过对基地、自然条件、地方特色、居民活动特征等因素的分析后形成的一系列的具有特色的场所空间，从而营造出富有活力的景观环境。

2. 尺度

由于生理和心理的原因，人对场所空间尺度的感受存在着某些恒定的共性。环境心理学的研究表明，两人相距为1～2m，可以产生亲切的感觉；相距约为12m能看清对方的面部表情；相距25m能看清对方是谁；相距130m能辨认对方身体的姿态。空间距离愈短亲切感愈强，距离愈长愈疏远。

特别提示

场所的尺度是相对而言的，场所如果缺少合理的活动分区和相应设施，就会使人产生“广而无场的感觉”，空间离散迷失，人们不愿意停留。

3. 空间分层

为了满足不同活动、不同使用者的需要，应尽可能使一系列不同的场所空间有明

---

1 【日】芦原义信，尹培桐，译．外部空间设计．北京：中国建筑工业出版社，

确的层次。根据围合限定空间的方式划分，有封闭空间、开敞空间、半封闭空间；根据空间的领域层次划分，有私密性空间、半私密性空间、半公共性空间；根据空间的使用特征划分，有静态空间、动态空间；根据空间的界定状态划分，有硬质空间、软质空间。各种划分形式可以用道路作主线连贯起来，形成一个功能完备的活动空间。

4．功能分层

场所的使用功能是其重要特点之一。设计师在进行景观设计时要考虑到场所的组合是否与人们的户外活动相适应，居民能否方便地找到适合自己的活动场所。

4.2 居住小区入口景观设计

居住小区一般有主次两个出入口，规模大的还要增加数量，出入口是一个小区的门面，它反映着该小区的整体品质和设计风格，同时承担着重要的交通功能，本节介绍居住小区出入口景观设计的功能要素及设计方法。

4.2.1 居住小区出入口景观功能及构成要素

1．居住小区出入口景观功能

居住小区出入口景观指的是以居住小区出入口为核心的内外周边区域景观设计，是居住小区出入口对内外的功能辐射范围内的造景；是城市进入居住小区的缓冲地带，也是居住小区与社会物质、信息交流的载体。居住小区出入口景观的主要功能有对外交通、防卫守护、象征、标识、交往信息等。

2．居住小区出入口景观构成要素

居住小区出入口景观构成要素主要包括：地形、水、植物、灯光、雕塑、门体、围栏、广场、铺装、建筑物等。这些要素与周围环境一起构成了入口景观的特色如图4.1，图4.2，图4.3，图4.4所示。根据入口景观的规模等级大小和使用要求可分为主入口、次入口和专用入口。

知识点滴：居住小区入口形式

居住小区出入口形式多种多样，包括门垛式(在入口的两侧对称或不对称砌筑门垛)、顶盖式、标志式、花架式、花架与景墙结合等形式。有的出入口将人行与车行分道，在步行道的入口处采用门洞式，以示车辆不可入内，保证居住环境的宁静。

图4.1　居住小区主入口水景观

图4.2　居住小区次入口水景观

图4.3　居住小区次入口广场景观

图4.4　居住小区人行出入口景观

4.2.2 居住小区入口景观设计

居住小区入口的位置首先应根据小区的总体规划来确定，小区主入口，必须要和小区主要道路和小区主广场直接相联系，并且到达小区各个主要部分比较方便。在满足使用功能的前提下根据居住小区景观设计的总体定位对出入口进行形象设计。

知识点滴：居住小区标志性大门

标志性大门是区域的坐标，是所在场所性质的体现，以其独特的功能和形象，在环境中被人们所熟知。在大门设计中，应该合理地安排门的宽度和高度，使之和周围的环境、主体建筑风格保持协调一致；对于标志性大门的景观设计应该综合考虑其地域特色和地理位置，在体量、造型、色彩、材质等方面反映区域的特色如图4.5所示。

图4.5 居住小区主入口标识

4.3 居住小区中心广场的设计

居住小区中心广场是整个小区居民主要的公共活动场所，它是最能体现小区地域文化特色和居住环境品质的主要场所，能给人们带来快乐、休闲的同时，也是促进邻里间交流沟通、互通你我、传递信息的平台。

4.3.1 居住小区广场设计要点

1. 引导性强

中心广场要有吸引人的引导因素，如喷泉、游戏场地、文化景观设施等。在广场活动中人们多倾向于在广场的开阔区域进行活动，但也不能忽略广场的一些边角空间，如图4.6～4.10所示。

图4.6　小区入口广场景观

图4.7　小区入口广场水景

图4.8　雕塑小品与坐凳图

图4.9　趣味坐凳

特别提示

边角空间往往是人们休息、聊天或者观看开阔区域人们活动的好地方，因此可以通过在边角设置一些景观座凳和趣味小品等，加强广场整体空间的吸引力。

2. 地域特色突出

广场的设计应该具有地域性特色和文化内涵。因为地域性特色和文化内涵容易让居民产生认同感，很自然地吸引人群活动，创造良好的活动氛围，促进交往行为的发生，最终形成良好的地缘型交往平台，如图4.10所示。

图4.10　小区中心广场景观

3. 趣味性与安全性

居住小区广场的设计要考虑到趣味性和安全性。趣味性可以让人心情愉悦，而安全性让居民感到浓浓的居住氛围和归属感。居住小区广场可以加入趣味性的元素和设施，让人感觉到广场虽大但是不失亲和力；居住小区中心广场设计要远离主要交通道路，阻止车辆的进入，并且平坦宽敞，遵循无障碍设计原则，少设置台阶，要特别注意安全细节的考虑。

4.3.2　中心广场景观设计

广场空间的设计应该促进功能的综合性和多样性，满足居民活动的时空重叠性要求，设置较丰富的服务活动设施。在空间的处理上，要注意对周围空间场所的吸引和渗透，还可以建立具有意向性的标志物，创造空间场所文化韵味，增强居民的地域认同感，具体设计方法如下所述。

1. 广场位置的选择

中心广场是居住小区景观设计的一个重要场所，一般都被布置于小区的人流集散地(如中心区、主入口处)。中心广场一般是通过台阶、铺地、喷泉、景观雕塑等组织起来的如图4.11，图4.12所示。

图4.11 中心小广场1

图4.12 中心小广场2

特别提示

广场面积应根据小区规模和规划设计要求确定，形式宜结合地方特色和建筑风格统筹考虑，例如可以按集会性广场形式布置于小区景观环境中，也可以按休闲的花园广场、音乐广场进行设计。

2. 广场地面设计

1) 平面形状

中心广场是开放式的，其平面形状多为规则的几何形状，通常以长方形为主，长方形广场(图4.13)易与周围地形及建筑物相协调，所以被广泛采用。从空间艺术上的要求来看，广场的长度不宜大于其宽度的3倍，长宽比在4∶3.3～2∶1之间时，艺术效果比较好；若从用地经济角度考虑，广场则宜设计成圆形或方形，如图4.14所示。对于面积较小的小游园广场，可采用自然形和不规则的几何形等，其形状设计更自由，如图4.15所示。

图4.13　长方形中心广场

图4.14　圆形中心广场

图4.15　不规则形小广场

2) 地面铺装设计

广场铺装应结合绿化布置，以硬质材料为主，根据居民的多种行为模式，选择相应的材料进行铺装，不宜采用无防滑措施的光面石材、地砖、玻璃等。广场出入口应采用无障碍设计要求。(具体内容可参考本书第五章铺装景观设计)

3. 广场边界设计

广场中人的活动往往从中心向边界发散，富有变化的边界线常为人的滞留之处，边界线越是曲折，滞留作用越明显。例如，沿广场四周巧妙开拓一系列凸凹形小空间，同时设置座椅、花坛、形成舒适的停留环境，势必增强广场的吸引力，如图4.16所示。

图4.16 居住小区广场边界设计

4. 中心广场公共设施设计

中心广场设施主要包含绿化、铺装、矮墙、橱窗、雕塑小品、座椅等。

知识点滴：中心广场公共设施设计

公共设施的精心设计将会明显改善广场的空间质量。如绿化和铺装的巧妙运用能解决较大尺度空间带来的单调感、不舒适感；适宜的铺装材质能给人愉悦感；矮墙加强了不同区域空间的划分和限定，同时可以提供边缘的依靠；张贴海报的橱窗可以精心设计成一处躲避风雨的廊下空间；座椅的选择因使用的要求而各异，条椅、靠背椅、花坛边缘、水池边缘都可以作为依靠的媒介。

4.4 老年活动区景观设计

老年人是居住小区外部空间活动的主体，相应的场所空间是依据他们的行为心理特点而设计的，本节主要从老年活动区的微气候优化、空间划分、绿化三个方面进行分析。

4.4.1 微气候优化

风是影响老年人户外活动的重要因素。一个空旷又多风的场所，老年人无法长时间停留。适合老年人活动的区域除了建筑物的遮挡之外，周围应设置一些遮挡性的植物，以确保场地内老年人的活动安全。

4.4.2 层次划分

1. 动静划分

相应的场所空间应依据老年人的行为心理特点而设计。老年人的外部活动中心最好能分为两个区：动态活动区和静态活动区。动态活动区可以满足球类、拳术等健身活动的需求，静态活动区可以满足老年人观望、晒太阳、聊天及其他娱乐活动。动静分区的结合，可以为老年人提供形式多样的活动形式，增强居住小区老年人的幸福感和满足感。

2. 距离划分

距离划分是影响老年人活动区最重要的因素。老年人的活动范围比较小，场地不宜太大，尽量不要有太多坡度的变化，最好以5分钟的步行距离为宜。

3. 休憩空间设计

通过座椅、亭、廊、花架等灵活布置，给老年人提供多层次的坐憩空间，满足他们“坐、卧、停、留”的多种需求，并且有适当的遮荫，如图4.17，图4.18所示。

特别提示

座椅设计要引起注意，应充分考虑到老年人的特点，座椅设计既方便落座和起身，又可以长时间就座。设置高度不同的座椅供老年人选择，或者座椅与桌子有较好的匹配，满足老年人打牌、下棋的活动要求。

图 4.17　休憩廊架空间景观

图4.18　木质弧形坐凳空间景观

4.4.3 绿化

植物能释放大量负氧离子，能净化空气，因此在为老年人设计的户外活动空间中应坚持以绿化为主、植物造景，除了必要的园林建筑、小品、道路场地外，其余均以绿化覆盖。老年人多偏爱充满生机的绿色植物，因此树种可选择常绿树为主，颜色鲜艳的花卉配合芳香型植物，给老年人嗅觉上的刺激，使所到之处鸟语花香，整个绿地空间充满生机与活力，如图4.19所示。

图4.19　庭院空间景观

4.5 居住小区儿童游戏场地景观设计

娱乐需要贯穿到儿童成长的过程中，在居住小区为儿童设计科学合理的游戏场地，对儿童身心发展都有好处。本节从我国居住小区儿童游戏场地设计现状出发，对居住区儿童游戏场地的设计方法进行分析。

4.5.1 我国居住小区儿童游戏场地设计现状

在发达国家，人均拥有公共游戏场地面积12平方米，按居民计算每人1.5平方米。相比较而言，国内城市社区的儿童娱乐设施的建设堪忧。

知识点滴：我国居住小区儿童游戏场地发展过程

1990年前的住宅小区几乎没有专门为儿童设计的娱乐设施。1990年以后有所发展，由于以经济发展为中心的需要，城市化进程中缺乏城市的公共空间，儿童娱乐大都附属于学校、幼儿园或个别公园，还有极少数的社区设置的康乐小花园。2000年之后部分幼儿园中开始出现大型的组合游具，由塑料、钢铁、绳索为主材料的拼装游戏设备，搭建一个较长的攀爬系统。这个系统为儿童设置了攀、趴、跑、跳、钻、滑等动作，帮助儿童锻炼肢体的活动力和提高灵敏度。

在我国居住小区常见的是大型游具，它们有活跃的色彩，可爱的造型，合适的尺寸，配置了相应的软质地面，针对儿童设计了保护界面，这些设计思考赋予了这类设施有明显的活泼感觉，之后这类游具成为住宅小区儿童游戏场地的主流设施，如图4.20，图4.21，图4.22，图4.23所示。

图 4.20 儿童游戏场地景观

图 4.21 儿童游戏场地景观

图4.22 儿童游戏场地景观

图4.23 植物迷宫游戏景观

4.5.2 居住区儿童游戏场地景观设计方法

1. 规模和距离设计

儿童喜欢多样化的活动，因此，儿童游戏场地需要根据小区儿童的数量来决定场地的尺度大小和游戏设施的丰富程度。景观设计要考虑到游戏设施的遮阴，使儿童在夏季游戏时不受酷晒。

特别提示

儿童游戏场地的位置距离应该控制在5分钟以内，否则距离较远的孩子去游戏场地几率将会大大降低。儿童游乐区的边缘应设置一些通透性比较强的休息空间和足够的休息设施。

2. 色彩设计

由于儿童强烈的好奇心，需要环境提供高频率的刺激来满足这种心理需要，因此游乐设施、地面铺装以及周围的植物，都要注重色彩丰富性的应用。纯度、亮度比较高的颜色显得活泼动感，刺激儿童的视觉感知，提高他们的兴奋性，比如红和绿、黄和紫。

特别提示

儿童在完全放松并且有丰富刺激性的环境下能最大限度地主动发挥自己的创造性，这对于他们的成长很有帮助，如图4.24，图4.25，图4.26所示。

图4.24　儿童活动区的景观设施

图4.25　色彩丰富的儿童娱乐设施

图4.26　儿童活动区的彩色塑胶铺装和景观坐凳

3. 安全设计

儿童具有目标变换性强、判断能力弱的特点，因而安全性设计尤为重要。安全性因素除了要注意场所与小区主要道路的相对隔离来阻止机动车辆的进入保持相对安静外，还要考虑铺装材料的防滑性、边角的圆滑性等，杜绝尖锐棱角的出现，如今居住小区儿童游戏场地铺装都采用塑胶材料，已基本消除了潜在的安全隐患。

4. 儿童娱乐设施的人机工学因素

儿童娱乐设施应该依据科学的儿童各阶段人体机能尺度来作为走、跑、跳、踢、攀、爬、转、滑等运动肢体强度参照，再配合具体动作的难度系数和系统整体运动节奏的安排进行设计。具体数据参照儿童游乐设施设计规范见表4-1。

特别提示

不应该将儿童娱乐设施看做成人运动器材的缩小版，应该充分考虑从儿童的生理特点，进行合理设计。科学地运用人机工学的理论和数据资料能确保设施的适用性，提高设施的使用效率，同时为设施的安全性提供了保障。

表4-1 儿童游乐设施设计规范

序号	设施名称	设计要点	适用年龄
1	沙坑	①居住小区沙坑一般规模为10～20m²,沙坑中安置游乐器具的要适当加大，以确保基本活动空间，利于儿童之间的互相接触。②沙坑深40～45cm,沙子必须以中细沙为主，并经过冲洗。沙坑四周应竖10～15cm的围沿，防止沙土流失或雨水灌入。③沙坑内应敷设暗沟排水，防止动物在沟内排泄	3～6岁
2	滑梯	①滑梯由攀登段、平台段和下滑段组成，一般采用木料、不锈钢、人造水磨石、玻璃纤维、增强塑料制作，保证滑板表面平滑。②滑梯攀登梯架倾角为70°左右，宽40cm，踢板高6cm,双侧设扶手栏杆。休息平台周围设80cm高防护栏杆。滑板倾角为30°～35°，宽40cm,两侧直缘为18cm,便于儿童双脚制动。③成品滑板和自制滑板梯都应在梯下部铺厚度不小于3cm的胶垫，或40cm的沙土，防止儿童坠落受伤	3～6岁
3	秋千	①秋千分板式、座椅式、轮胎式几种，其场地尺寸根据秋千摆动幅度及与周围游乐设施间距确定。②秋千一般高2.5m,长3.5m～6.7m(分单座双座、多座)，周边安全防护栏高60cm，踏板距地35～45cm。幼儿用距地为25cm。③地面需设排水系统和铺设柔性材料	6～15岁
4	攀登架	①攀登架标准尺寸为2.5m×2.5m(高×宽)，架格宽为50cm，架杆选用钢骨和木制。多组格架可组成攀登架式迷宫。②架下必须铺装柔性材料	8～12岁

续表

序号	设施名称	设计要点	适用年龄
5	跷跷板	①普通双连式跷跷板宽度为1.8cm，长为3.6m，中心轴高45cm。②跷跷板端部应防止旧轮胎等设备作缓冲垫	8～12岁
6	游戏墙	①墙体高控制在1.3m以下，供儿童跨越或骑乘，厚度为15～35cm。②墙上可适当开孔洞，供儿童穿越和窥视以产生游乐兴趣。③墙体顶部边沿应做成圆角，墙下铺软垫。	6～10岁
7	滑板场	①滑板场为专用场地，要用绿化种植、栏杆等与其他休闲区分隔开。②场地用硬质材料铺装，表面平整，并且具有良好的摩擦力。③设置固定的滑板练习器具，铁管滑架、曲面滑道和台阶总高度不宜超过60cm，并留出足够的滑跑安全距离	10～15岁
8	迷宫	①迷宫有灌木丛墙或实墙组成，墙高一般在0.9～1.5之间，以能遮挡儿童视线为准，通道宽为1.2m。②灌木丛墙须进行修剪，以免划伤儿童。③地面以碎石、卵石等材料铺砌	6～12岁

4.6 居住小区健身运动场所景观设计

4.6.1 居住小区运动场用地标准

居住小区运动场地具有一定的用地标准。这些运动场地的设置一定程度上满足了成年人和老年人的健身需求，同时也为部分年轻人和儿童提供了玩耍和健身的场所。通过居住小区运动场所的延伸，还可布置棋牌场、门球场、晨练场、健康步道、足部按摩区等功能场地。对于居住小区各种运动空间的科学设置请参照表4-2，其中列举了从小型社区到大型社区的不同类型开放空间和体育运动区的推荐数据，该表还列举了对用地面积的要求、最大服务半径和所服务的人口规模。

表4-2 开放空间的体育用地标准

设施类型	用地面积	服务半径	h m^2/1000人
邻里空间	2—4 hm^2	0.8 km	0.8—1.2
街区空间	4—12 hm^2	1.6 km	0.6—1.2
社区空间	60—80 hm^2	4.8—8 km	2—2.6
地区空间	200—400 hm^2	16—32 km	4—12

4.6.2 居住小区常见运动场地分类

居住小区的运动场地可分为器械类、休闲类、场地类，见表4-3。

表4-3 运动器械和运动场地的规划要求

器械或场地类别单位	设施的用地面积m^2	使用人数	包括推荐人数
器械类			
滑梯	42	6	1
单杠	17	4	3
水平梯	35	8	2
小攀爬架	17	10	1
中攀爬架	46	20	1
矮秋千架	14	1	4
高秋千架	23	1	6
平衡木	9	2	4
跷跷板	9	2	4
休闲类			
开放式场地	929	80	1
戏水池	279	40	1
安静的场地	149	30	1
室外剧场	186	30	1
沙箱	28	15	2
遮阳棚屋	232	30	1
场地类			
篮球场	348	16	1
网球场	669	4	2
乒乓球场	12.8	4	2
羽毛球场	98	4	2
小路环路	650		
绿地	557		

这些场地的设立一般以居住小区的实际情况而定。

4.6.3 运动器械和运动场地的规划要求

在提倡全民健身的今天，大多数小区在室外布置了诸如跑步机、举重机、转腰机等健身器材。居住小区的运动场地一般包括网球场、篮球场、羽毛球场等硬质运动场和室内外游泳场，如图4.27所示，以上运动场地应按其技术要求设计，见表4-3。居住小区运动场地景观设计应该注意周边的绿化和休息设施的设置，为运动的人们提供遮阴和休息的空间。

图 4.27 居住小区运动场地景观

4.7 居住小区停车场地景观设计

本节通过对私家车发展与居住小区的矛盾出发，探讨现代居住小区停车场所景观设计的方法。

4.7.1 私家车发展与居住小区规划的矛盾

由于居住小区规划远远赶不上私家车迅猛的增加速度，这为居住小区景观规划设计提出了很大的挑战。

知识点滴：私家车对居住小区的影响

1. 侵占公共空间。停车位数量不足直接引起车辆占道停放和无序停放，从而影响居住环境。

2. 环境污染。汽车带来的污染包括噪声污染、废气污染、光污染和清洗汽车时的污水污染。

3. 安全问题。目前很多居住小区内部人行和车行基本上都是平面交叉或混行，随着城镇居住小区内私人汽车流量增多，再加上缺乏对车速的控制，居民的生命安全受到较为严重的威胁，城镇居住小区内部的人车矛盾日益突出。

4. 停车布局与停车方式设计不合理。停车布局及停车方式的选择不当出现诸如停车场服务半径不合理导致的车不入库，停车方式不科学造成居民使用不便，停车位的利用率降低。按照1988年公安部、建设部颁布的《停车场规划设计规则(试行)》中的规定，机动车停车场的出入口应有良好的视野；出入口距离人行过街天桥、地道和桥梁、隧道引道须大于50米；距离交叉路口须大于八十米；机动车停车场车位指标大于50个时，出入口不得少于2个。

4.7.2 居住小区机动车的停放方式

居住小区机动车的停放方式一般有平行停车、斜角停车和垂直停车三种形式，具体哪种方式依照实地情况而定。

1. 平行停车

停车方向与场地边线或者道路中心平行，采用这种停车方式每辆车所占地的宽度最小，是最适宜路边停车场的一种方法。但是，为了车辆队列后面的车能够驶离，前后两辆车间的净距离要求较大。因而在一定程度的停车场上，这种方式所能停放的车辆数比其他方式少1/2～1/3，如图4.28所示。

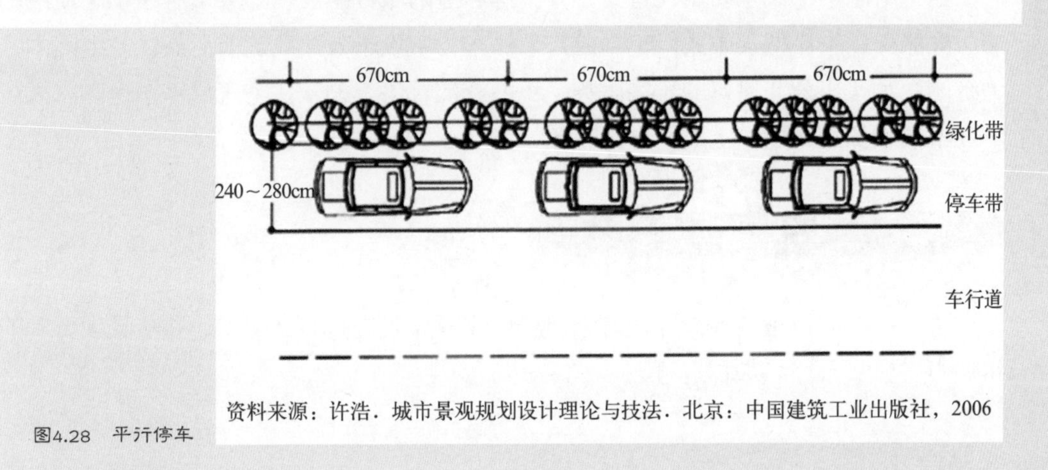

资料来源：许浩．城市景观规划设计理论与技法．北京：中国建筑工业出版社，2006

图4.28 平行停车

2. 斜角停车

有前进停车和后退停车两种方式，前进停车比较普遍，适用于车道较窄的地方，如图4.29所示。

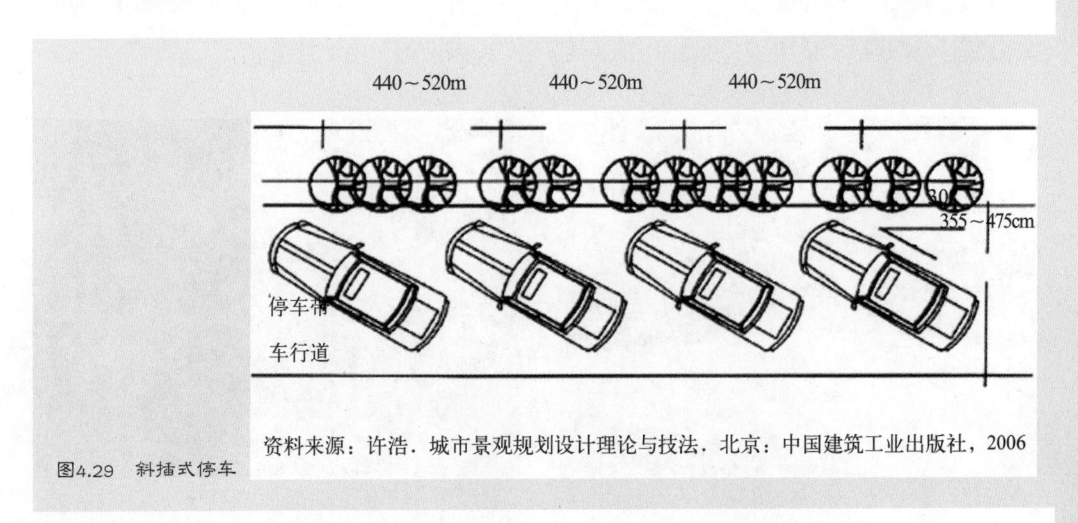

资料来源：许浩．城市景观规划设计理论与技法．北京：中国建筑工业出版社，2006

图4.29 斜插式停车

3. 垂直停车

车辆垂直于场地边线或者道路边线停放，汽车所占地面较宽，可达9～12m，并且车辆驶出停车位均需倒车一次。在这种停车方式下，车辆排列密集，用地紧凑，一般的停车场和宽阔停车道都采用这种方式停车。

4.7.3 非机动车停放

非机动车停放场所主要是停放摩托车、自行车的场所。居住小区非机动车停车设施有集中和分散停放两大类。大中型集中式独立停车库和停车棚通常设于居住小区或若干住宅组团中部或主要出入口处，并具有合适的服务半径，为整个居住小区或组团的居民服务；中小型集中式停车棚或露天停车场常设于公共建筑前后或住宅组团内，为组团中和使用公共建筑的居民服务；小型分散式停车棚、住宅底层停车房和露天停车位常为一栋或几栋住宅内的居民服务。

4.7.4 居住小区停车景观设计

居住小区的停车景观设计是对空间环境构成要素进行组合配置，并从景观要素的组成中贯穿其设计立意和主题。

1. 停车场绿化设计

停车场地绿化设计应该与居住小区的整体绿化结合起来设计，达到美观、实用降噪、防污等多种功能的目的。

(1) 停车场地面绿化：在停车场设计中，最常见的地面设计为植草砖的设计。但是因为草种及养护问题，尤其是穿着高跟鞋的女性，在植草砖上行走极不方便，所以新的居住小区大多采用绿化带或树池两种形式如图4.30、图4.31所示。

图4.30 停车位地面铺装与植物景观

图4.31 地下车库入口植物景观

(2) 停车场周边绿化：停车场的功能性较强，尤其是在停放汽车较多时，因为车的外形与颜色很难与小区景观取得协调，我们可以考虑在停车场周边加强绿化措施，使之虚隐起来。同时周边绿化可有效地吸收因停放汽车而引起的噪音及尾气污染。

2．停车设施的外部设计

停车设施外部设计包括停车库造型、外墙设计等。作为小区内的服务型设施，停车库的造型是由功能所决定的，并不能够进行天马行空的构思，但是可以通过引入竖向绿化手段使停车库的造型与外墙达到一定的景观效果，如图4.32所示。

图4.32　地下车库外观造型与植物景观

3．地下停车场景观设计

地下停车场由于不占地表面积，所以在现代城镇居住小区中应用逐渐普及。地下停车场的顶部混凝土结构层上覆土可以作为绿化用地，充分做到使用功能多样化，提高土地利用率，如图4.33所示。

图4.33　地下车库通风口植物造景

4．小区其他停车配套设计

关于居住区停车配套设计主要是交通服务设施的设计安装。在小区建筑转角、高大植被等视线阻挡处，要安装凸面镜等辅助观察设施，保证在小区行车的安全；小区内照明系统应达到一定的照度水平，尽量避免汽车大灯在夜晚使用对小区底层住户形成干扰，应尽量保证汽车夜晚不开灯、少开灯仍然能够清晰的识别小区道路。

特别提示

覆土平均厚度约在50cm左右，对于这个覆土厚度，只适应种植小型灌木和地被植物。地上通风口应结合植物景观进行设计，造型简洁大方，与周围植物景观融为一体，使其成为一道亮丽的风景。

本章小结

本章从满足居民居住生活的需求出发，分别介绍了居住小区入口景观设计、中心广场景观设计、老年活动场地景观设计、儿童游戏场地景观设计、运动健身场地景观设计、停车场地景观设计，要求设计师在居住小区景观设计时，应从不同场所功能的差异性出发，对各场所植物景观的配置、地面铺装的结构形式、材质的选择、色彩搭配等都进行了精心设计。一个小区场所景观的完美设计，是提高居住环境品质的根本保证。

习　题

1. 简述居住小区场所景观的内容。
2. 简述居住小区中心广场景观设计的作用和设计方法。
3. 居住小区老年人活动区景观设计应该注意哪些？
4. 居住小区儿童娱乐场地设计应该注意哪些内容？
5. 居住小区停车场地景观设计应该注意哪些方面的内容？

第5章 居住小区景观设计方法——景观元素

教学目标

本章主要让学生了解居住小区景观设计的概念、构成要素及景观元素的设计方法，分别从绿地、水景、照明、道路、铺装、景观小品设计和居住小区无障碍系统设计几个方面来讲解。通过本章的学习，要求学生能够把握各种景观元素的设计方法，并能将各景观元素完美的运用到艺术设计实践当中，为居住小区塑造出既有地域文化内涵又不乏艺术品位的景观环境。

教学要求

知识要点	能力目标	权重	自测
绿地景观	了解居住小区绿地设计的指标，掌握居住小区绿地景观设计方法	20%	
水景设计	了解水景的构成元素和水体对于塑造空间的作用，掌握水景的设计方法	20%	
照明景观设计	了解居住小区的照明方式，掌握居住小区人行照明、车行照明、场地照明和景观照明的方法	10%	
道路景观设计	了解道路分级和道路景观的功能，掌握道路景观设计要点和设计方法	10%	
铺装设计	了解居住小区铺装的分类、功能、铺装材质及适用场地，掌握铺装的设计方法	10%	
景观小品设计	了解居住小区景观小品的设计要点并掌握其设计方法	20%	
居住小区无障碍设计	了解居住小区无障碍设计和便民设施的设计方法	10%	

章前导读

居住小区景观元素包括绿地、水景、照明、道路、铺装和景观小品等。这些设计元素，在环境景观中所起的作用可以分为三类：第一，制造自然，生态环境效果的主要组成物，如植物造景、水景观设计；第二，形成环境中场地划分的主要工具，如道路景观；第三，营造环境景观效果的主要材料，如照明、铺装、景观小品等。本章将分别对这些景观元素的设计方法进行逐一的讲解。

5.1 绿地景观

绿地在居住小区中的主要功能是植物造景、框景、降噪环保、形成背景、限定地面空间、形成高差比例等。绿地景观可丰富居住小区空间层次。居住小区绿地系统主要包括公共绿地、专用绿地、道路绿地见表5-1。

表5-1 居住小区绿地系统

公共绿地	小广场绿地、组团绿地
专用绿地	教育设施绿地、文化娱乐设施绿地、运动设施绿地
道路绿地	车行道绿地、人行道绿地、步行道绿地

5.1.1 居住小区绿地设计的指标

作为城市园林绿地系统的组成部分，居住小区绿地的指标也是城市绿化指标的一部分，它间接地反映了城市绿化水平。随着社会进步，人们生活水平的提高，绿化事业日益受到重视，居住小区绿化指标已成为人们衡量居住环境品质的重要依据。在国家颁布的《城市居住区规划设计规范》GB50180-93中明确指出：新区建设绿地率不应低于30%，旧区改造不宜低于25%。居住区内公共绿地的总指标应根据居住区人口规模分别达到：组团不小于0.5m^2/人，小区(含组团)不少于1m^2/人，居住区(含小区)不少于1.5m^2/人。居住区公共绿地设置标准可参照表5-2具体内容。

表5-2 居住区公共绿地设置标准

中心绿地名称	设置内容	要　求	最小规模(ha)	最大服务半径(m)
居住区公园	花木草坪、花坛水面、凉亭雕塑、小卖茶座、老幼设施、停车场地和铺装地面等	园内布局应有明确的功能划分	1.0	800～1000
小游园	花木草坪、花坛水面、雕塑、儿童设施和铺装地面等	园内布局应有明确的功能划分	0.4	400～500
组团绿地	花木草坪、桌椅、简易儿童设施等	可灵活布局	0.04	

资料来源：建设部住宅产业化促进中心．居住区环境景观设计导则．北京：中国建筑工业出版社，2009.

5.1.2 居住小区绿地景观设计

居住小区绿地景观设计需要做到因地制宜、营造氛围，要注重植物配置和植物的空间围合设计。我国南北方居住小区常见绿化树种分类归纳如下。

1. 因地制宜

1) 尊重基地条件

居住小区绿地景观设计要在居住区整体规划基础上，因地制宜，充分考虑基地的原有状况以及周围环境，能够最大程度地利用原有条件，将基地劣势转化为优势，创造出宜人的绿地景观。

2) 以本土植物为主，定出基调树种

植物品种丰富，树形各异，在有限的空间内种植花木要考虑取舍问题。应定出体现居住小区绿化特色的主调品种，贯穿整个居住小区绿化，如以竹子为主景，可以体现“未出土时先有节，凌云志时尚虚心”的高风亮节。在居住小区景观设计中本土树种较之其他树种更易成活、长势旺盛、病虫害少、易于管理，可以作为基调树种。

2. 营造氛围

绿地景观设计是营造居住小区氛围的有效方法。用植物营造氛围可以表现在以下5个方面。

(1) 利用植物优美的姿态：苍劲古松——坚强不屈；傲霜寒梅——不畏艰险、无所畏惧。

(2) 利用植物丰富的色彩：梅花——朴素；红花——欢快、热烈；青翠竹兰——气节、虚心；白花——宁静、柔和、纯洁、朴素。

(3) 利用花卉沁馨的芳香：桂花——甜香；兰花——幽香；含笑——浓香；梅花——暗香；荷花——清香。

(4) 利用植物甜美的芳名：合欢——合家欢乐；桃花、李花——桃李满天下；桂花、杏花——富贵、幸福。

(5) 草坪是近几年兴起并广泛使用的地被植物，它简洁明快，绿化效果显著，作为居住小区绿化的背景，不仅吸尘能力强，而且能防止泥土流失。利用草坪的综合协调作用，在草坪上设计一定的植物造型，拼成趣味性图案地景，从而提升小区绿化品质如图5.1～5.4所示。

图5.1　休闲草坪铺装地景

图5.2　草坪迷宫铺装地景

图5.3　趣味性拉坡草坪地景

图5.4　趣味性立体植物迷宫地景

3. 植物配置

1) 空间层次

植物配置是构成居住小区绿化景观的主要内容，在居住小区绿地设计中需要运用到多种植物。因此，在植物配置过程中要注意到植物空间层次的变化带来的视觉美感，使上层、中层和下层的植物配置能够发挥各自的功能，见表5-3。

表5-3　适于不同层次的植物种类

适合上层栽植	落叶乔木	白蜡、栾树、元宝枫、柿树、杜仲、泡桐、刺槐、悬铃木
	常绿乔木	白松、雪松、华山松、蜀桧、侧柏、油松、洒金柏

<table>
<tr><td rowspan="3">适合中层栽植</td><td>中层栽植的植物</td><td>连翘、小花溲疏、天目琼花、红瑞木、金银木、麻叶锈线菊、棣棠</td></tr>
<tr><td>适合于林下半荫或全光照条件下的植物</td><td>猬实、太平花、珍珠梅、红叶小果、铺地柏、紫穗槐</td></tr>
<tr><td>适合于林缘或疏林空地栽植的植物</td><td>西府海棠、紫叶李、紫薇、丰花月季、榆叶梅、锦带花、平枝木旬子、迎春、牡丹</td></tr>
<tr><td>适合下层栽植</td><td colspan="2">花地丁、金银花、扶芳藤、白三叶、草坪草、铺地柏、常春藤</td></tr>
</table>

表5-4 植物组合的空间效果

植物分类	植物高度(cm)	空间效果
花卉、草坪	13～15	能覆盖地表，美化开敞空间，在平面上暗示空间
灌木、花卉	40～45	产生引导效果，界定空间范围
灌木、竹类、藤本类	90～100	产生障碍功能，改变暗示空间的边缘，限定交通流线
灌木、竹类、藤本类	135～140	分割空间，形成联系完整的围合空间
乔木、藤本类	高于人水平视线	产生强烈的视线引导作用，可形成较私密的交往空间
乔木、藤本类	高大树冠	形成顶面的封闭空间，具有遮蔽功能，并改变天际线的轮廓

2) 线型变化

由于居住小区绿地内平行的直线条较多，如道路、围墙、建筑等。因此，植物配置时可以利用植物林缘线的曲折变化和林冠线的起伏变化等手法(见表5-5)，使其与建筑、围墙、道路在材质和形状上产生对比与互补，如图5.5～5.8所示。

表5-5 居住区植物配置线型变化

<table>
<tr><th>线形变化</th><th>方　法</th><th>特　点</th><th>植物种类</th></tr>
<tr><td rowspan="2">林缘线的曲折变化</td><td>在灌木边缘栽植选择矮小、枝密叶茂的灌木</td><td>丰富林缘线，使之形成曲折变化的线条</td><td>郁李、金钟花、火棘、迎春、棣棠、木瓜海棠、贴梗海棠等植物</td></tr>
<tr><td>在绿地边缘挑个孤植球</td><td>增加边缘线曲折变化</td><td>孤植球类栽植</td></tr>
<tr><td rowspan="2">林冠线的起伏变化</td><td>种植尖塔形植物</td><td>林冠线起伏变化较强烈、节奏感较强</td><td>水杉、龙柏、桧柏、蜀桧</td></tr>
<tr><td>利用地形变化</td><td colspan="2">使高低差不多的植物有相应林冠线起伏变化</td></tr>
</table>

图5.5　林缘线的曲折变化1

图5.6　林缘线的曲折变化2

图5.7　林冠线与园路变化设计1

图5.8　林冠线与园路变化设计2

3) 季节变化

植物配置要注意季节的变化。植物的选择应该注意满足四季的连续性，不同植物的特性相结合，使之产生春则繁花似锦，夏则绿荫暗香，秋则霜叶似火，冬则翠绿常延的效果。一个片、区或某幢建筑周围应该以突出某种植物特点为主，如四季花园中，桃花园以桃花为主，梅园以梅花为主，或者以突出某个季节景色为主，或春、或夏、或秋、或冬。

4) 色彩设计

植物的色彩最能对人的心理产生影响。中村吉朗在他所著的《造型》一书中提到，“一般人们刚看到物体时，对色彩的注意力占80%，而对形体的仅占20%，这种状态持续20秒，到两分钟后，色彩占60%，形体占40%，5分钟以后，形体和色彩才各占50%”。居住小区中植物色彩设计应用了色彩的联觉效应，例如，色彩的温度感、距离感、动静感。在以绿色为主要基调的基础上可以通过其他颜色植物的点缀产生既统一又活泼的视觉感受，如图5.9，图5.10，图5.11所示。

图 5.9　不同颜色植物搭配

图5.10　地面铺装和植物造景色彩设计

图5.11　儿童乐园绿地设计

特别提示

植物配置色彩对比强烈的效果，能渲染活泼的氛围，结合空间形态的结构变化，为空间环境增添了趣味性。

4. 空间围合设计

植物可以构成空间，利用草坪和矮灌木作为界面，暗示出空间的边界，成组布置的灌木可以构成侧面界面，使空间围合程度随种植形式和疏密程度的不同产生围合感。

1) 植物私密性空间设计

由植物围合的空间，可以对空间上有个完整且明确的界定，使居民产生领域感和私密感。垂直的绿化可以控制人们的视线，能达到漏景的效果，若用密叶叠植的植物，则可以完全成为视线的屏障围合出明确的区域，通过植物的围合作用提高了空间的私密性，但也保持一定程度的通透性，如图5.12，图5.13所示。

图5.12 植物的垂直围合

图 5.13 植物侧面界面围合

2) 植物公共性空间设计

植物景观的公共性可以促进居民的交往，加强空间标识性。单株植物的向心景观，吸引人们在此聚集，同时具有坐凳功能的树池满足了人们在树下休息的需要。如

图5.14，图5.15，图5.16，图5.17所示。

图5.14 植物景观与铺装

图5.15 树池与坐凳

图5.16 草坪与铺装

图5.17 单株植物与地面铺装

特别提示

通过调查，大部分的老年人表示喜欢大面积的草坪空间，因为视野开阔，给人以宽敞、无堵、心旷神怡的心理感受是其他任何种植形式所不能替代的。

5．我国居住小区常见绿化树种分类。

本节从常见绿化树种进行归纳汇总(见表5-6)。

表5-6　常见绿化树种分类表

序号	分类	植物举例
1	常绿针叶树	乔木类：雪松、黑松、龙柏、马尾松、桧柏 灌木类：罗汉松、千头柏、翠柏、五针松
2	落叶针叶树(无灌木)	乔木类：水杉、金钱松
3	常绿阔叶树	乔木类：香樟、广玉兰、女贞、棕榈 灌木类：珊瑚树、大叶黄杨、雀舌黄杨、枸树、石楠、海桐、桂花、夹竹桃、黄馨、迎春、撒金珊瑚、南天竹、六月雪、小叶女贞、八角金盘、栀子、蚊母、山茶、金丝桃、杜鹃、丝兰(波罗花、剑麻)、苏铁(铁树)
4	落叶阔叶树	乔木类：垂柳、直柳、枫杨、青桐(中国梧桐)、悬铃木(法国梧桐)、槐树(国槐)、龙爪槐、盘槐、合欢、银杏、楝树(苦楝)、梓树 灌木类：樱花、白玉兰、桃花、腊梅、紫薇、紫荆、戚树、青枫、红叶李、贴梗海棠、钟吊海棠、八仙花、麻叶绣球、金钟花(黄金条)、木芙蓉、木槿(槿树)、山麻杆(桂圆树)、石榴
5	竹类	慈孝竹、观音竹、佛肚竹、碧玉镶黄金、黄金镶碧玉
6	藤本	紫藤、络实、地锦(爬山虎)、常春藤
7	花卉	太阳花、长生菊、一串红、美人蕉、五色苋、甘蓝、菊花、兰花
8	草坪	天鹅绒草、结缕草、麦冬草、四季青草、高羊茅、马尼拉草

5.1.3　场所植物景观设计

表5-7　居住小区不同场所植物的特点

场所类别	选用植物特点	作　用
休闲小广场	围合性植物	导向并且界定空间
小庭院	采用耐修剪的绿篱彩叶植物	分为几个围合的空间，增强景观的向心性
运动健身区	运动区周围用大乔木界定空间	创造良好的领域感，改善小区域的气候条件、有利于身体健康
儿童活动区	色彩鲜艳的绿篱植物、无毒无刺形状圆润可爱的植物(如植球)	增加场所趣味感，吸引儿童的注意力
宅旁绿地	近窗不宜选用高大灌木	贴近居民，具有通达性和观赏性
	建筑物西面种植高大阔叶乔木	对夏季降温有明显效果

续表

场所类别	选用植物特点		作用
路旁植物	识别性	单株外形美观的植物	增强居民的领域感，暗示空间的界定和转换
	围合性	采用多种植物围合	层次分明，起到非强制作用的空间界定作用；营造私密感同时又有与外界联系
	生态绿化	乔、灌、花草搭配	突出自然生态美感
	隔离绿化	乔、灌、草本植物	减少尘土、噪音、遮阳降温

1．休闲广场

休闲广场植被设置如图5.18，图5.19所示。

图 5.18　不规则形休闲广场

图 5.19　圆形广场植物造景

2．小庭院

小庭院植被设置如图5.20所示。

图 5.20　小庭院景观

3. 运动健身区

运动健身区植被设置如图5.21，图5.22所示。

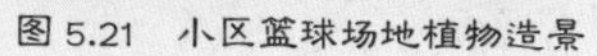

图 5.21　小区篮球场地植物造景

图 5.22　小区网球场地植物造

4. 儿童活动区

儿童活动区植被设置如图5.23，图5.24所示。

图 5.23　儿童娱乐场地植物造景1

图 5.24　儿童娱乐场地植物造景

5. 道路植物

小区道路植被设置如图5.25，图5.26所示。

图 5. 25　小区路旁植物造景1

图 5.26　小区路旁植物造景2

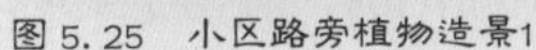

特别提示

居住小区中不同的场所可以根据各场所的特征来选择植物种类进行配置，达到绿化和突出场所主体的双重目的，使居住小区的绿化充满层次感，生动而有活力。

5.2　水景

居民对水景的需求来自对大自然的向往。本节主要介绍水景观的构成元素、水体的空间塑造功能、水景设计的形式和水景的陪衬设计。

5.2.1　水景的构成元素

水景的构成元素见表5-8。

表5-8　水景的构成元素

景观元素	内　容
水体	水体流向，水体色彩，水体倒影，水源
沿水驳岸	沿水道路，沿岸建筑，沙滩，雕石
水上跨越结构	桥梁，栈桥，索道
水边山体树木(远景)	山丘，丘陵，树木
水生动植物(近景)	水面浮生植物，水下植物，鱼鸟类
水面天光映衬	光线折射漫射，水雾，云彩

5.2.2　水体的空间塑造功能

1. 空间的拓展

对于规模较大的面状空间，水体在环境空间中有一定的控制和空间拓展作用。一方面，水虚无的形态弱化了空间界限，延展了空间范围，有助于空间的拓展；另一方面，水中的倒影，不仅给水面带来光波的动感，使水面产生虚空间，产生开阔、深远之感。

2. 空间的引导

小规模的水面或点式水景，在环境中起着点景作用，构成空间的视觉焦点，从而起到引导作用，其布置较为灵活。这样的水景易与人直接产生戏水活动，不仅增强了对景观的参与性和趣味性，也满足了人们的亲水心理。

3. 空间的层次

水景作为视觉对象，具有丰富的视觉层次。水景的多样形态和可塑性，可以灵活组织成各种点、线、面式，并利用周围的环境，起到点景、对景、背景的作用，获得丰富的空间层次。

5.2.3　水景设计的形式

居住小区环境中的水体景观设计主要分为自然水景和人造水景两种形式。

1. 自然水景

自然水景设计必须服从原有自然生态景观，自然水景与局部环境水体的空间关系，利用借景、对景等手法，充分发挥自然条件，驳岸设计高低随地形起伏，形式比较自由。岸边的石头可以供人们乘坐，树木可以供人纳凉，人和水完全融合在一起，利于满足人的亲水性需求。在保护水体完整性和生态环境的同时，应充分发挥临水陆地的最大功效，使更多人能够享受到接触自然水景的乐趣，如图5.27，图5.28所示。

图5.27　自然水景1

图5.28　自然水景2

2．人造水景

在现代居住小区建设中，主要采用人造水景的景观设计方法。居住小区中人造水景主要有5种理水形式：水池、流水、喷泉、瀑布和游泳池。

1) 水池

水池是既适于水下动植物生长，又能美化环境、调节小气候供人观赏的水景。水池的形状有自然式和规则式两种，根据规模的大小可以分成线式和面式，如图5.29，图5.30，图5.31，图5.32，图5.33，图5.34所示。

图5.29　立体涌泉水池

图5.30　趣味流水池

图 5.31　不规则形水池

图 5.32　线形装饰水池

图 5.33　面状形水池

图 5.34　曲线形水池

线式是指较细长的水面，线式水面有直线形、曲线形和不规则形，与环境结合得比较紧密，能够成为穿插连接空间的载体，线形水面一般都较浅，儿童可在里面戏水。面式是指规模较大，会成为小环境中的景观中心和人们的视觉中心，可设在广场中心、道路尽端，或与雕塑、亭、花架、公共建筑等结合，形成变化丰富的水景组合形式，有的面式水池还可以叠成立体水池。

2) 流水

流水一般都是流经较平缓的斜坡或者利用机械水泵形成的动态水景。流水根据流量、坡度、沟槽材质的不同流水也有不同的特性。流水分为可涉入式和不可涉入式两种，如图5.35，图5.36所示。可涉入式溪流的水深应小于0.3m，同时水底应做防滑处理，可供儿童嬉水；不可涉入式水流宜种养适应当地气候条件的水生动植物，增强观赏性和趣味性。

图5.35　不可涉入式流水

图5.36　可涉入式流水

特别提示

为了使居住小区内环境景观在视觉上更为开阔，可适当增大宽度或使流水蜿蜒曲折。流水可以把水景中的喷泉、瀑布和水池结合起来，创造一个综合统一的水景空间感受。

3) 喷泉

喷泉主要是以人工的形式应用到居住小区景观设计中。各种水姿的喷头组成不同的水景效果，对空间环境能够起到饰景的作用，不同特点的喷泉应该合理的布置在与之相应的环境中见(表5-9)。

表5-9　喷泉景观的分类和适用场所

名称	主要特点	适用场所
碧泉	由墙壁、石壁和玻璃板上喷出，顺流而下形成水帘和多股水流	广场、居住入口、景观墙、挡土墙、庭院
涌泉	水由下向上涌出，呈水柱状，高度为0.6～0.8m左右，可独立设置也可组成图案	广场、居住入口、庭院、假山、水池
间歇泉	模拟自然界的地质现象，每隔一定时间喷出水柱和汽柱	溪流、小溪、泳池边、假山
寒地泉	将喷泉管道和喷头下沉到地面以下，喷水时水流回落到硬质铺装上，沿地面坡度排出	广场、居住入口
跳泉	射流非常光滑稳定，可以准确落在受水口中，在计算机控制下，生成可变化长度和跳跃时间的水流	庭院、园路边、休闲广场

续表

名称	主要特点	适用场所
跳球喷泉	射流呈光滑的水球，水球大小和间歇时间可控制	庭院、园路边、休闲广场
雾化喷泉	由多组微孔喷管组成，水流通过微孔喷出，看似雾状，多呈柱形和球形	庭院、广场、休闲场所
喷水盆	外观呈盆状，下有支柱，可分多级，出水系统简单，多为独立设置	路边、庭院、休闲场所
小口喷泉	从雕塑器具(罐、盆)和动物口中出水，形象有趣	广场、群雕、庭院
组合喷泉	具有一定规模，喷水形式多样，有层次，有气势，喷射高度高	广场、居住区、入口

喷泉的水形、速度一般和喷头的构造、方向和水压有关。喷泉的形式设计要根据功能要求和场地条件来决定，如图5.37，图5.38，图5.39，图5.40所示，在多风的场地应采用短而粗的水柱形式；在少风或风弱的场地，可采用水柱高度和喷水距离较大的喷头；溢水式喷泉一般设在有屏障的位置，无须考虑风的影响；喷水池还可与声光控制结合为音控彩色喷泉，这种喷泉造价较高，场地管理要求比较复杂。

图5.37　儿童娱乐场地趣味喷泉1

图5.38　儿童娱乐场地趣味喷泉2

图5.39　装饰趣味喷泉

图5.40　装饰水景

4) 瀑布

瀑布是水由于高度差形成的动态景观。瀑布跌落有很多形式，按其跌落形式分为滑落式、阶梯式、幕布式、丝带式等多种。在居住小区景观设计中，一般是利用地形高差和砌石形成小型的人工瀑布。设计时要根据人们对瀑布形式的要求，选择水落时和水流的速度，利用不同的高差、不同的流水速度、角度和方式产生不同的声音，如图5.41～5.44所示。

图5.41　阶梯式瀑布

图5.42　丝带式瀑布

图5.43　幕布式瀑布

图5.44　滑落式瀑布

5) 游泳池

游泳池水景以静为主，主要营造让居住者心理和体能上放松的环境，同时突出参与性特征(如游泳池、水上乐园、海滨浴场等)。居住小区泳池设计必须符合游泳池设计的相关规定。由于不是正规的比赛用池，居住小区游泳池边尽可能采用优美的曲线，以加强水的动感，如图5.45～5.48所示。

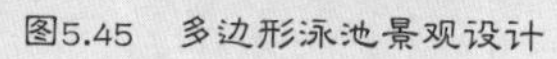

图5.45　多边形泳池景观设计

图5.46　半圆形泳池景观设计

图5.47　圆形泳池景观设计

图5.48　不规则形泳池景观设计

特别提示

游泳池根据功能需要尽可能分为儿童泳池和成人泳池，儿童泳池深度为0.6～0.9m，成人泳池深度为1.2—2m。池岸必须作圆角处理，铺设软质渗水地面或防滑地砖。泳池周围多种灌木和乔木，并提供休息和遮阳设施，有条件的小区可设计更衣室。

5.2.4 水景的陪衬设计

在居住小区水景设计中为了营造氛围，一般会在水景周围增设其他景观构筑物，如桥、木栈道、亭、水生动植物、驳岸和水中小品的设计。

1. 桥

桥是指连接水体两岸的交通设施，桥的类型有拱桥、曲桥、亭桥、平桥等。桥往往是环境景观中的视觉中心，是水体环境中最重要的组成部分。进行桥的设计时，不仅要对其造型进行合理的选择，而且对其位置、路面宽度、桥栏杆、阶梯、坡道、踏面也要进行精心的设计，可布置一些休息设施、服务设施，并配以绿化，充分发挥桥的装饰作用，如图5.49～5.58所示。

图5.49 拱桥1

图5.50 拱桥2

图5.51 曲桥1

图5.52 曲桥2

图5.53 古典园林亭桥

图5.54 亭桥1

图5.55 亭桥2

图5.56 平桥1

图5.57 平桥2

图5.58 平桥3

居住小区的空间有限，桥一般尺度较小，以装饰性作为丰富景观空间的景观小品，使环境更具诗情画意。

2. 木栈道

木栈道是为人们提供行走、休息、观景和交流的多功能场所，如图5.59，图5.60，图5.61，图5.62所示。由于木板材料具有一定的弹性，因此，行走其上非常舒适。木栈道由表面平铺的面板(或密集排列的木条)和木方架空层两部分组成。面板常用桉木、柚木、冷杉木、松木等木材，其厚度要根据下部架空层的支撑点间距而定，一般为3～5cm厚，板宽一般为10～20cm之间，板与板之间宜留出3～5mm宽的缝隙。面板不应直接铺在地面上，下部要有至少2cm的架空层，以避免雨水的浸泡，保持木材底部的干燥通风。

图5.59　圆形木栈道1

图5.60　圆形木栈道2

图5.61　方形木栈道

图5.62　曲形木栈道

特别提示

木栈道所用木料必须进行严格的防腐和干燥处理，使含水量不大于8%，也可采用涂刷桐油和防腐剂的方式进行防腐处理。连接和固定木板和木方的金属配件(如螺栓、支架等)应采用不锈钢或镀锌材料制作。

图5.63　六边形凉亭

3. 亭

水边建亭称作“水榭”，如图5.63，图5.64，图5.65，图5.66，图5.67所示。水榭可以临水建于岸边或者跨水建于水中，面向水面，视野开阔，远观近视均有景可看，而水榭本身优美的造型，也构成为景。水榭一般设于不同水体、水态的最佳位置，并且需要与主要观赏水景的体量大小、形态环境、风格等相协调。

图5.64　四边形挑角水景凉亭

图5.65　四边形水景休憩凉亭1

图5.66　四边形平顶水景休憩凉亭2

图5.67　四边形水中休憩凉亭

4. 水生动植物

水是一切生命之源，哪里有水，哪里就有生物存在。水生动物主要指鱼类和鸭、鹅等涉水禽类，水生动物与水景的结合更能反映出将生物入水成景的生态意识，而水生植物更能成为赏景的焦点，如图5.68～5.73所示。

图5.68　水中植物

图5.69　水中游鱼

图5.70　水中睡莲

图5.71　水中植物景观1

图5.72　水中植物景观2

图5.73　水中植物景观3

5. 驳岸

驳岸是水景的重要组成部分，如图5.74～5.80所示。不同特点的驳岸对人的心理感受也不同，见表5-10。驳岸要充分满足安全功能，让人们在水边能够安心玩赏，无论在哪个方位，人们都应能看到水面、毫不费力地接近水边并可接触到水，并且能够从对岸或者水面上观赏到美丽的水边景色。

图5.74　斜式驳岸1

图5.75　斜式驳岸2

图 5.76　自然式驳岸

图5.77　台阶式驳岸

图 5.78　河岸裙墙的驳岸

图 5.79　生态式驳岸1

图 5.80　生态式驳岸2

表5-10　驳岸的类型

驳岸类型	材质选用	特　点	条　件
斜式驳岸	砌块，砌石(卵石、块石)，人工海滩沙石	易接触到水面，亲水性强、安全	驳岸空间开阔 堤岸稳定性强
立式驳岸	石砌平台	缺乏一定的建筑空间	水面和陆地的平面差距很大或水面涨落高差较大的水
带河岸裙墙的驳岸	边框式绿化，木桩锚固卵石	整齐、界限分明，亲水性较弱	以细长蜿蜒的水岸形式为主
阶梯驳岸	踏步砌块，仿木阶梯	容易接触到水、亲水性最高、形式单调	阶梯数量不宜太多、太密集
缓坡、阶梯符合驳岸	阶梯砌石，缓坡种植保护	形式活泼 过渡自然	驳岸空间开阔
生态型驳岸	适当作一些软处理，植物种植	有利于滨水环境生态植物的良性发展	可作植物种植型驳岸、草石间置型驳岸、滩涂型驳岸

6. 水中小品

小品是水景中不可缺少的因素，如图5.81～5.84所示。除了随着喷泉等各种水体、水态所必需的构筑物之外，还有附加于水里的实用的或装饰性的小品见表5-11。

表5-11 水中小品

水中小品的种类	设计形式	要 点
建筑小品	壁泉的墙壁、兽水的台阶等	必须依附于一定设计的器物
装饰小品	功能性小品	与喷泉、照明、铺装等景观结合
	池底铺装	增加趣味
水中雕塑	独立于水中央，处于水面或半出于水表面，设立于水底	根据居住区的主题而设计
汀步	处于水面或半出于水面形体上具有接凑和韵律的变化	满足行走的功能，具有安全性

1) 建筑小品

图5.81 庭院水景

图5.82 庭院壁泉

2) 装饰小品

图5.83　趣味性装饰水景　　　图5.84　日本庭院水景

3) 汀步

图5.85　方形汀步

图5.86　圆形汀步

图5.87　不规则式汀步

图5.88　长方形汀步

5.3 照明景观

本节主要讲解居住小区的照明方式，居住小区人行照明、车行照明、场地照明设计和装饰照明的设计方法。在居住小区夜景景观照明中，根据小区不同位置的特点，进行恰当的灯光配置。照明景观对人的影响主要表现在色彩和亮度上，色彩会引起联觉反应，而亮度的强弱决定了安全感的强弱。在灯具的选择方面，建筑物泛光灯照明、灯串照明、霓虹灯、广告灯箱照明等由于色彩斑斓而富情绪化，不易使人获得宁静舒适的感觉。因此，居住小区内不适合大量使用，但在节日或特殊情况下可以适当选择使用。关于照明景观具体的细则请参考照明设计规范，见表5-12。

表5-12 照明设计规范

照明分类	适用场所	参考照度(Lx)	安装高度(m)	注意事项
车行照明	居住区主次道路	10～20	4.0～6.0	①灯具应选用带遮光罩的照明式。②避免强光直射到住户屋内。③光线投射在路面上要均衡
	自行车、汽车	10～30	2.5～4.0	
人行照明	步行台阶	10～30	0.6～1.2	①避免眩光，采用较低处照明。②光线宜柔和
	园路、草坪	10～50	0.3～1.2	
场地照明	运动场	100～200	4.0～6.0	①多采用向下照明方式。②灯具的选择应有艺术性
	休闲广场	50～100	2.5～4.0	
	广场	150～300		
装饰照明	水下照明	150～400		①水下照明应防水、放漏电，参与性较强的水池和泳池使用12伏安全电压。②应禁用或少用霓虹灯和广告灯箱
	树木照明	150～300		
	花坛、围墙	30～50		
	标识、门灯	200～300		
安全照明	交通出入口	50～70		①灯具应设在醒目位置。②为了方便疏散，应急灯设在侧壁为好
	疏散口	50～70		
特写照明	浮雕	100～200		①采用测光、投光和泛光等多种形式。②灯光色彩不宜太多。③泛光不应直接射入室内
	雕塑、小品	150～200		
	建筑立面	150～200		

5.3.1 居住小区的照明方式

居住小区的灯光设计主要表现在功能性照明和景观性照明两个方面。

1. 居住小区功能性照明

居住小区照明设计应根据不同的照明要求，选用不同的照明方式和灯具类型。小区级道路、组团级道路对照度要求高，可采用高杆路灯或庭院灯；游步道照明设计，可结合草坪照明或沿路缘布置光带，体现园路的导向性，灯具可选用耐美灯、LED光源等。

特别提示

居住小区景观设计要避免光源的直接眩光、反射眩光以及光幕反射；避免产生光斑和色斑；满足必要的光源光色及显色性，尽量节约电能，保证用电安全，并且要易于维修管理。

2. 居住小区景观性照明设计

居住小区的照明设计要注重小区与周围城市环境形成夜景的整体效果；注重高科技产品的运用，如光纤、电脑变色灯等，体现现代化科技手段下的夜景观质量；注重小区夜环境的光尺度、明暗关系处理，形成灯光的空间层次感，以满足市民的休闲心理；要注意高效节能产品的应用，美化环境，节约能源，实现可持续发展。

5.3.2 居住小区人行照明

居住小区人行道设置照明的目的主要是为行人提供安全和舒适的照明条件。居住小区人行道照明应能确保行人安全步行、识别彼此面部、确定方位和防止犯罪活动。通常居住小区人行道灯具有4种安装方式见表5-13，即柱顶(杆顶)安装、建筑物立面安装、悬挂、地平面安装，如图5.89～5.106所示。

表5-13 人行道灯具安装

安装方式	使用场所	安装要点	作用、效果
柱顶(杆顶)安装	道路采用得最多的安装方式，使用场所广泛	将灯具安装在3～8m高的灯杆顶端(悬挑长度为零)安装高度取决于要照射的面积	照明的范围大
建筑物立面安装	适用于没有空间立杆的街道和不宜采用灯杆的场所	结合建筑部件(如墙体、柱子等)	能产生很好的艺术效果
地平面安装	在居住小区中园林的人行道或居住小区中公共场所	采用灯墩将灯具贴近地面安装	营造环境氛围具有导向作用

图5.89　路灯1

图5.90　路灯2

图5.91　人行道灯1

图5.92　人行道灯2

图5.93　人行道灯3

图5.94　人行道灯4

图5.95　人行道灯5

图5.96　景观灯 1

图5.97　景观灯2

图5.98　景观灯3

图5.99　景观灯4

图5.100　景观灯5

图5.101　景观灯6

图5.102　草坪灯 1

图5.103　草坪灯2

图5.104　景观射灯1

图5.105　景观射灯2

图5.106　泛光灯

5.3.3 居住小区车行照明

车行道灯(路灯)主要突出功能性作用，居住小区车行道一般主要采用常规照明方式。适宜于居住小区车行道的常规照明的灯具布置的4种形式，见表5-14。

表5-14 常规照明方式

布置种类	布置形式	使用场所	安装要求	优点/缺点
单侧布置	所有灯具均布置在用地的同一侧	适合于比较窄的居住小区道路	要求灯具的安装高度等于或大于路面或铺装有效宽度(灯具和不设灯一侧的水平距离)	优点是诱导性好，造价比较低 缺点是亮度纵向均匀度一般较差
交错布置	灯具按之字形交替排列在用地两侧	适合于比较宽的居住小区道路	灯具的安装高度不小于路面有效宽度的0.7倍	优点是亮度高 缺点是亮度纵向均匀度较差，诱导性不及单侧布置的好
对称布置	灯具对称排列在用地的两侧	适合于宽路面宽敞的居住小区道路	灯具的安装高度不小于路面有效宽度的一半	有利于形成良好的视觉诱导和强调轴线作用
横向悬索式布置	把灯具悬挂在横跨用地的缆绳上，灯具的垂直对称面与道路轴线成直角	灯具安装高度比较低，多用于树木较多、遮光比较严重的居住小区里弄、狭窄街道	直接把缆绳的两端固定在街道两侧的建筑物上。把灯具悬挂在用地中心上方(中心布置)；悬挂在道路的一侧(单侧布置)	有利于节省空间，布置自由度大

5.3.4 居住小区场地照明设计

1. 突出场所的特征

居住小区广场的照明设计一般比较活跃，通常以泛光照明为主，步道灯、庭院灯作为衬托性环境灯光。动态的水雾灯光、光纤地面构图等可以塑造热闹的空间环境，暖色光则可以用来塑造老年人休闲广场。

2. 丰富空间层次

照明能够丰富场所的空间层次。不同尺度和不同强度的灯光在场所区域内相互配合，形成明暗相间的灯光层次，如运用广场灯和庭院灯创造明亮、欢快的灯光环境；而草坪、休息区域等半公共空间则以草坪灯、低矮的庭院灯散发柔和的光线，营造静谧的休闲环境。在照明的辅助下，能够使场所景观的特征更加突出，如图5.107，图5.108所示。

图5.107 红色灯光照明景观

图5.108 绿色灯光照明景观

5.3.5 装饰照明

1. 小区植物照明设计

植物景观的处理要采用各种不同的手法，将植物和灯光作为绘制美景的工具。对于由乔灌草花组合形成的前后错落、高低起伏的植物群，通过阴影的对比，可以突出部分植物的造型，起到剪影的作用。同时光源色彩的选择也要考虑冷暖色调的效果和搭配，如图5.109，图5.110所示，居住小区光源应以白色和黄色光源为主，其他颜色尽量作为点缀。

图5.109 黄色灯光照明景观

图5.110　混合灯光照明景观

特别提示

草坪照明的设置跟草坪的大小和功能息息相关。面积大的草坪区，可设置较高的庭院灯，较大范围的提升环境亮度；只为勾勒绿化区边界，用灯光起隔离和警示作用，则可选用高度60～90cm的草坪灯来达到要求。

2．小区水景照明设计

灯具选用应注意防水性能。水景灯一般可选用卤钨灯光源，利用其连续性光谱，灯光经过水体的反射或折射，产生绚丽多彩的效果如图5.111所示。

图5.111　水景照明设计

在静水或缓速流动的水边安装投光灯具，采用直射光源照射水面，利用水的反光映照旁边景物，可达到赏心悦目、安逸祥和的效果，当风吹水动时，还能取得不同亮度连续变化水景的动态效果。由于居住小区整体环境较幽暗，灯具照度小应过高，以30～75lx为宜，避免产生较强的水面眩光。

喷水池、瀑布等较强烈的动态水景可在喷口后面或水落点下安装投光工具，使灯光在进出水柱时产生二次折射而显现瑰丽的色彩，也可使散落的水珠产生闪闪发光的效果。对于瀑布，灯具宜安装在水流下部，根据瀑布落差、流量和水深等因素选择合适功率的投光灯。

3. 小品照明设计

装饰小品的塑造一般采用投光照明，表现其立体感和质感，达到视觉强化的目的。照明设计可以通过借助灯光的颜色对景观小品进行色彩的塑造，使小品在夜间展现出于其不同的韵味。

4. 居住小区轮廓照明设计

居住小区照明设计需要注意夜间从远处眺望小区时的整体轮廓。照明应把握居住小区夜间照明所呈现的整体景观。例如，入口明亮的灯光可以增强入口的可识别性，同时突出了入口的整体形象；建筑立面边缘与围墙边缘的彩灯，可以突出建筑轮廓，同时也可以弥补居住小区照度的不足，如图5.112所示。

图5.112 小区夜间照明效果图

5.4 道路景观

在做道路总体规划时，应按照道路与其他场地和公建的关系做合理的分级设置。明确各类室外空间以及它们与道路之间关系的远近、密疏，有助于我们对道路的合理分级，合理的衡量外环境总体布局等。合理的道路分级能使车辆各行其道，避免组团内部和住宅之间空间不必要的车流穿行。

5.4.1 道路分级

居住小区的道路有明确的分级，不同级别的道路在居住区中的功能也有所不同见表5-15。道路作为车辆和人的汇流途径，具有明确的导向性，道路两侧的环境景观应符合导向要求，并达到步移景移的视觉效果。

表5-15　道路功能及宽度

级　别	功　能	道路宽度	
		红线宽度	车道宽度
居住区级道路	解决居住区与外界的联系	20～30	≥9
居住小区级道路	联系居住区各组成部分的道路	路面宽5～8m，建筑控制线之间的宽度，采暖区不宜小于14m，非采暖区不宜小于10m	
居住区团组级道路	住宅群内的主要道路，主要供人行及通行自行车、轻机动车、消防车等	路面宽3～5m，建筑控制线之内的宽度，采暖区不宜小于10m，非采暖区不宜小于8m	
宅间小路	通向各户或各单元的道路，主要供行人使用	路面宽不宜小于2. 5m	
园路(甬路)	园中供游玩小路	不宜小于1.2m	

5.4.2 道路景观设计

居住小区道路景观在设计的时候应从步行路线、道路基本形式、人车分流、安全标识设置、路缘石和边沟、车挡和缆柱等几个方面来考虑。

1. 步行路线设计

居住小区路线设计应该考虑不同年龄、不同身份、不同目的的人行路线的差异性。直线形的道路给人简单、直接和通透的感受，引导人的视线汇聚于尽头如图5.113所示；折线形、曲线形的道路能增强使用者“步移景异”的趣味性，蜿蜒的道路能够使景观逐渐展开如图5.114所示，例如人们在散步、交谈、游憩时总是喜欢走曲折、安静、环境优美的小路。

图5.113　直线形道路

图5.114　曲线形道路

2．道路基本形式

道路基本形式有环通式、尽端式、半环式、内环式、风车式、混合式等，如图5.115～5.120所示。

图5.115　环通式

图5.116　尽端式

图5.117　半环式

图5.118　内环式

图5.119　风车式

图5.120　混合式

3. 人车分流设计

人车分流设计是生态型居住小区交通环境生态设计的主要方法之一。人车分流设计的方式主要有两种。一种是立体化人车分流方式，日常车辆进入小区后直接进入地下停车库如图5.121所示。另一种是平面分离，车行道环绕小区外围，通过尽端路与住宅组团连接，而人行道路则在内部相连并与中心绿地、各种活动场所相连。人车分流使居民特别是儿童可以安心地在小区内自由活动，享受室外活动的乐趣。

图5.121　小区入口人车分流地下车库景观

4. 安全标识设置

道路景观设计应在一些特殊地段增设交通标识。居住小区事故多发地带为宅前、幼儿园、儿童活动集中场所、游泳池、水景、休闲活动场所等处。要合理设置提示标识。

5. 路缘石和边沟

路缘石的功能是确保行人安全，进行交通引导。路缘石可采用预制混凝土、砖、石材和合成树脂材料，高度100～150mm为宜。区分路面的路缘，要求铺设高度整齐统一，局部可采用与路面材料相搭配的花砖或石材；绿地与混凝土路面、花砖路面、石材路面交界处可以不设路缘；与沥青路、草地交界处应设路缘石，如图5.122，图5.123所示。

边沟是用于道路或地面排水的，车行道排水多用带铁篦子的“L”形边沟和

“U”形边沟，广场地面多用蝶状和缝形边沟，铺地砖的地面多用加装饰的边沟。平面形边沟，水篦格栅宽度要参考排水量和排水坡度来确定，一般为250～300mm，缝形沟缝隙一般不小于20mm，如图5.124～5.129所示。

图5.122 与沥青路交界的路缘石造型

图5.123 与草地交界的路缘石造型

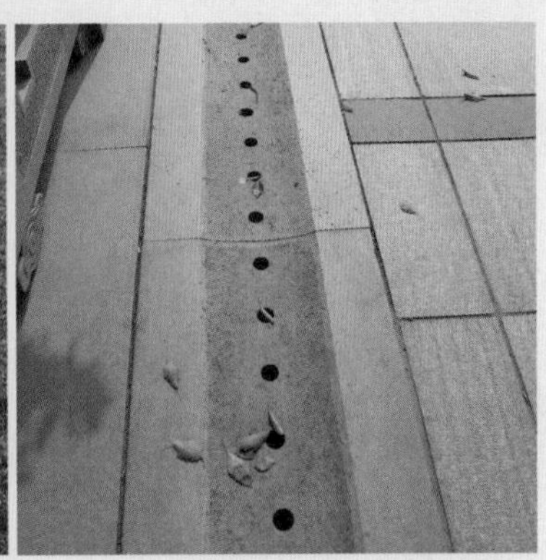

图5.124 石材“U”形边沟

图5.125 新材料格栅形边沟

图5.126 不锈钢格栅排水边沟

图5.127 石材蜂窝状排水边沟

图5.128 广场石材地面排水铺装

图5.129 广场石材地面排水铺装(局部)

图5.130　以十二属相为造型的路边车挡

6. 车挡和缆柱

缆柱包括预制混凝土护柱、内置灯具的石墩护柱、装饰性仿木护柱、基座可移动的钢管护柱。车挡、缆柱高度在400～600mm之间，设置间距在6000mm左右。在有紧急车辆、管理用车辆出入的地点，应选用可移动式，且这种车档、缆柱只有成年人才能够移动，如图5.130所示。

5.5　居住小区铺装设计

建筑物与景观环境的连接体

地面是建筑物与景观环境之间的连接体。具有各种造型风格和色彩、质感变化的建筑耸立于地面上，如果地面是一大片平坦、暗淡的灰色柏油底板，建筑之间将呈现彼此孤立、分离的松散状态，而地面也像建筑一样不能吸引人们的视线。居住小区中能够起到相互连接作用的最有效方法之一是地面铺装的格局。铺装应与建筑具有同等的景观作用，富有艺术性设计的铺装能够使建筑物与周围环境巧妙地结合起来。这样，建筑与景观环境就会形成紧凑的尺度、丰富的形式和质感，以及整个视觉上的连续性，创造出一种使人产生亲切感的空间环境。铺装是改变和美化居住小区地面空间的主要景观元素之一。本节着重介绍居住小区铺装的分类、材质及适用场地、功能及设计方法。

5.5.1　居住小区铺装的分类

1. 按强度分

按强度可将地面的硬质铺装分为高级铺装、简易铺装和轻型铺装。

1) 高级铺装

用于交通量大且多重型车辆通行的道路(大型车辆的每日的单向交通量达250辆以上)。这类铺装常用于公路路面的铺装。

2) 简易铺装

适用于交通量少、无大型车辆通行的道路。随着私家车的增多，居住小区宜营造合适的行车环境，可采用此类铺装。

3) 轻型铺装

用于铺装机动车交通量少的园路、人行道、广场等的地面。此类铺装除沥青路面外，还有嵌锁形预制砌块路面、花砖铺面等。

2．按地坪材料分

按地坪材料可分为自然材料铺装和人工材料铺装。

1) 自然材料铺装

用卵石、石块、石片等石质材料做的铺装。常见的铺砌图案，如图5.131～5.134所示。

图5.131　鹅卵石福寿图园路铺装

图5.132　鹅卵石圆形图案园路铺

图5.133　人行道不规则石材铺装

图5.134　停车场地毛面石铺装

2) 人工材料铺装

如用预制混凝土板等加工制作出来的材料做的铺装。常见的各种铺装图案，如图5.135～5.138所示。

图5.135　水磨石图案铺装

图5.136　交砖铺装

图5.137　彩色水磨石拼贴铺装

图5.138　工字形透水砖铺装

5.5.2 铺装材质及适用场地(见表5-16)

表5-16 铺装材质及适用场地

序号	道路分类		路面主要特点	适用场地								
				车道	人行道	停车场	广场	园路	游乐场	露台	屋顶广场	体育场
1	沥青	不透水沥青路面	①热辐射低，光反射弱，全年使用耐久，维护成本低。①表面不吸水，不吸尘，遇溶解剂可溶解。③弹性随混合比例而变化，预热变软	√	√	√						
		透水沥青路面			√	√						
		彩色沥青路面			√		√					
2	混凝土	混凝土路面	坚硬，无弹性，铺装容易，耐久，全年使用，维护成本低，撞击易碎	√	√	√	√					
		水磨石路面	表面光滑，可配成多种色彩，有一定硬度，可组成装饰图案		√		√	√	√			
		模压路面	易成形，铺装时间短，分坚硬、柔软两种，面层纹理色泽可变		√		√	√				
		混凝土预制砌块路面	有防滑性，步行舒适，施工简单，修理容易，价格低廉，色彩样式丰富		√	√	√	√				
		水刷石路面	表面砾石均匀，有防滑性，观赏性强，砾石粒径可变，不易清扫		√		√	√				
3	花砖	釉面砖路面	表面光滑，铺筑成本较高，颜色鲜明。撞击易碎，不适应寒冷气温		√				√			
		陶瓷砖路面	有防滑性，有一定的透水性，成本适中，撞击易碎，吸尘，不易清扫		√			√	√	√		
		透水花砖路面	表面有微孔，形状多样，互相咬合，反光较弱		√	√					√	
		粘土砖路面	价格低廉，施工简单。分平砌和竖砌，接缝多可渗水。平整度差，不易清扫		√		√	√				

续表

序号	道路分类		路面主要特点	适用场地								
4	天然石材	石块路面	坚硬密实，耐久，抗风化强，承重大。加工成本高，易受化学腐蚀，粗表面，不易清扫；光表面防滑差					√				
		碎石、卵石路面	在道路基地上用水泥粘铺，有防滑性能，观赏性强。成本较高，不易清扫					√				
		砂石路面	砂石级配合，碾压成路面，价格低，易维修，无光反射，质感自然，透水性强					√				
5	砂土	砂土路面	用天然砂铺成软性路面，价格低，无光反射，透水性强					√				
		粘土路面	用混合粘土或三七灰土铺成，有透水性，价格低，无光反射，易维修					√				
6	木	木地板路面	有一定弹性，步行舒适，防滑，透水性强。成本较高，不耐腐蚀，应选耐潮木头					√	√			
		木砖路面	步行舒适，防滑，不易起翘；成本较高，需做防腐处理；应选耐潮木料					√		√		
		木屑路面	质地松软，透水性强，取材方便，价格低廉，表面铺树皮具有装饰性					√				
7	合成树脂	人工草皮路面	无尘土，排水性好，行走舒适，成本适中；负荷较轻，维护费用高			√	√					
		弹性橡胶路面	具有良好的弹性，排水性良好。成本较高，易受损坏，清洗费时							√	√	√
		合成树脂路面	行走舒适、安静，排水良好。分弹性和硬性，适于轻载；需要定期修补								√	√

5.5.3 居住小区铺装的功能

居住小区铺装需要为居民提供坚实、耐磨、防滑的路面，保证车辆或行人安全、舒适地通行；需要通过路面铺砌图案给人以方向感，通过铺砌图案的不同来划分不同性质的交通区间，增加居住小区空间的可识别性；铺装景观需要为居民们创造适宜的交往空间，合理的铺装材质运用能够创造出理想的交往环境；铺装色彩的变化，可以加强人车的分流。

5.5.4 居住小区铺装的设计方法

1. 空间布局

进行铺装设计时要考虑到铺装的鸟瞰效果。铺装将整个小区的景观元素串连并统一起来。作为从室内能见景观元素之一，要注意铺装给室内居民的景观感受。在开放空间环境中铺装形式应该简洁，明快；在私密空间，应该体现丰富的质感，更容易让人停留。

2. 形态设计

当人们慢步于居住小区景观空间的时候，很自然地会看向地面，因此，铺装的这种视觉特性对于设计的趣味性起着重要的作用。独特的铺装形式和色彩搭配不但能够让行人驻足欣赏，对于高层建筑俯瞰的景观元素还能吸引人们走出建筑，到室外空间活动。铺装通过对点、线、面的构成形式与不同材质的结合，为居住小区空间环境带来不同的视觉感受。例如，线形图案具有导向性，有利于人流组织、聚散和引导行人转换方向；圆形图案具有极大的向心性，使空间具有聚合感；四边形的对称、反复给人安定感，灰黑相间的四边形方格整齐而有韵律，如图5.139～5.142所示。

图5.139 线形图案铺装

图5.140 圆形图案铺装

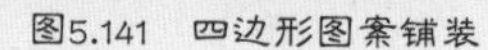

图5.141　四边形图案铺装

图5.142　灰黑相间的四边形方格铺装

3. 色彩

居住小区铺装色彩的设计要和整个小区的建筑风格协调统一，过强的色彩刺激会使人产生视觉疲劳。铺装一般作为空间的背景常以中性色为基调，以少量偏暖或偏冷的色彩做装饰性花纹，做到稳定而不沉闷，鲜明而不俗气。明朗的色调使人轻松愉快，灰暗的色调则更为沉稳宁静，如图5.143～5.146所示。

图5.143　鹅卵石和红色砖的组合铺装

图5.144　透水砖和天然石板组合铺装

图5.145　不规则石板和方形天然石板组合铺装

图5.146　同质异色天然石板组合铺装

4. 纹理

铺装可以做到不同的纹理效果，主要以点、线、面和形的构成原理来表达。不同的铺装纹理可形成不同的空间视觉感，或精致、或粗犷、或宁静、或热烈、或自然，对所处的环境产生强烈影响，如图5.147～5.152所示。

图5.147　不同图案组合铺装

图5.148　同质异色组合铺装

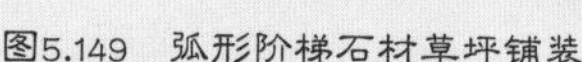

图5.149　弧形阶梯石材草坪铺装

图5.150　不同大小的圆形草坪铺装

图5.151　方形石材变化草坪铺装

图5.152　大小方形石材组合草坪铺装

5．质感

不同的材料有不同的质感，同种材料也可以表现出不同的质感。同种材料不同质感材料的运用可以在变化中求得统一，达到和谐一致的铺装效果；不同质感的材料组合，会产生特殊的视觉效果，尤其是自然材料与人工材料的结合，能够为铺装带来非常现代的感觉，如图5.153～5.158所示。中国古典园林中提倡“因地制宜”，每一种材料的产地、外观、质地、强度、使用条件等有其一定的特点，因此我们在选用材料的时候必须根据特定的环境条件、使用功能等选取最合适的材料。

图5.153　多种自然石材的铺装组合

图5.154　多种不同材质的铺装组合

图5.155　传统浮雕图案与石板组合铺装

图5.156　花岗岩蚀刻图案与砖结构组合铺装

图5.157　不同尺寸的石材与草坪组合铺装

图5.158　条形石材与草坪组合铺装

特别提示

运用特色材质结合景观建筑造型，并充分展现材料的质地、色彩、结构形式、组合方式，结合图片和文字等，进行环境人文气氛的渲染，表达某种特定的精神含义，如历史文化的传承、积极向上的精神，民俗文化的表现等。

6．尺度

铺装的尺度与场地空间大小有密切的关系。在一个空间内使用体型较大的铺装材料，会给人一种宽敞的尺度感；而较小、紧缩的铺装材料，则使空间具有压缩感和亲密感。大面积铺装应使用大尺度的铺装材料，这有助于表现统一的整体效果，如果材料太小，铺装会显得琐碎。

7．渗水性

硬质地面材料的蓄水或渗水能力需重要考虑。水泥、沥青地面不透水且导热性高，夏天行走其上觉得脚底都发烫，而石板路和透水砖路，其缝隙中的土壤、水分和草也能起到降低地面温度的作用。在下雨天，也很容易解决场地的积水问题，如图5.159，图5.160所示。

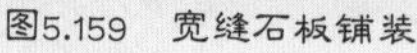

图5.159　宽缝石板铺装

图5.160　人字形透水砖铺装

5.6　景观小品设计

景观小品的设置要根据居住小区的形式、风格，居民的文化层次与爱好，空间的特性、色彩、尺度以及当地的民俗习惯等因素确定。本节主要介绍景观小品的设计要点，分别从防护性小品、设施性小品、装饰小品和信息标识系统几个方面来讲解。

5.6.1 设计要点

1．与居住小区主题相统一

景观小品在形态及立意构思上突出居住小区的主题特色。景观小品具有造型和空间组合上的独特美感，发挥着活跃空间气氛、增加景观连贯性及营造趣味性的优势。景观小品在居住小区景观中往往是局部景观中的主景，应具有一定的意境内涵以产生感染力。

2．与居住小区空间环境相和谐

作为整个居住小区环境中的点景之作，景观小品在体量上要与环境相适宜，风格上与居住小区主题相统一。景观小品不同于纯粹的艺术品，它的艺术感染力不仅来自于其自身单体，而应该与所处的环境有机融合。

5.6.2 居住小区防护性小品(见表5-17)

表5-17　居住小区防护性小品分类

防护性小品		要点特征	作　用	材　质
安全防护	大门	用于居住小区与外界的分割	安全防卫；有助于安静居住氛围的营造	砖石、混凝土和金属
	围墙	用于组团、庭院空间的围合与分割	划分空间 美化环境	砖石、混凝土和金属
交通安全防护	栏杆	防护性栏杆(例如地下车库两侧栏杆)的高度应为0.85～0.95m；在花坛、草地旁的栏杆高度为0.25～0.3m	防止车辆进入、标明边界、划分区域、分割空间的作用	石材、砖、不锈钢、铸铁、塑竹、仿竹栏杆
	路障	路障多为0.2～0.25m方形或者圆形的短柱，柱高0.6～0.9米，以红白相间涂刷油漆	标明边界、划分区域、按需移动方便、形式多种	石材、塑料、橡胶等
水土防护	台阶	当道路或斜坡的坡度大于10%时，需要设置台阶，小于10%的可局部设置台阶	防止水土流失；提供休憩空间	水泥、砖、石材、人造大理石等
	挡土墙	依照地势的起伏决定挡土墙的高度与厚度；将挡土墙做成雕塑墙或与绿化结合，更具艺术感染力	对环境起到整治作用，防止水土流失、雨水冲刷地形和建筑等	砖、石材料建造、钢筋混凝土、天然块石等

5.6.3 居住小区设施性小品

1. 休憩设施

图5.161 与草地组合的弧形阶梯图

在居住小区室外公共空间中，座椅以及台阶、花池、水池的边缘都可以作为休憩的设施。座位布局也可设置在树阴下、花丛中、花坛旁边、来方便居民的休闲使用。

台阶除了可作为休憩设施外，还可丰富空间的层次感，尤其是高差较大的台阶会形成不同的近景和远景的效果，如图5.161所示。

户外休憩设施的制作材料可用天然石材、人工块石、木料和钢筋混凝土，石料面层可抛光也可石木结合，另外还可以采用色彩鲜艳的塑料和新材料制作的座椅来调节居住小区景观的气氛，如图5.162～5.166所示。

图5.162 花坛边木质坐凳

5.163 木质坐凳

图5.164 小区广场休闲石质坐凳

图5.165 互动性装饰小品

图5.166　新材料异形彩色坐凳

2. 卫生设施

为满足户外活动人员对卫生条件的需求，需在居住小区设置相应的卫生设施。主要有垃圾箱、用水器、雨水井等。

1) 垃圾箱

垃圾箱是反映居住小区文明程度的标志，为保持公共活动场所的清洁卫生而设置，一般设在小区公共建筑、公共绿地、道路两旁等人流较大的地方，垃圾箱的造型要简洁、美观大方，摆放位置与距离要适当，便于居民使用，如图5.167，图5.168所示。

图5.167　双桶垃圾箱1

图5.168　双桶垃圾箱2

2) 用水器

用水器在景观环境中具有实用与装饰双重功能，不仅方便了居民的户外洗涤，而且还提升了人们的健康质量，充分反映了以人为本的设计理念。用水器多设在小区中心广场、健身活动区，儿童游乐区、人流集中的场所，如图5.169所示。

图5.169　不锈钢材质用水器

3) 雨水井

雨水井是一种设置在地面上用于排水的装置，其形式多种多样。如排水沟采用有组织的暗渠排水方式，可在排水沟上方设置雨水篦，与地面铺装形成质感对比，或采用明沟排水方式，在用材上应与地面铺装相结合，如图5.170～5.173所示。

图5.170　有卵石做装饰覆盖的雨水井盖

图5.171　不锈钢雨水井盖

图5.172　人行道边多孔雨水井盖

图5.173　人行道边单孔雨水井盖

5.6.4 居住小区装饰小品

1. 装饰雕塑

雕塑是人居生态环境组合基础上的一种重要的空间存在，正如英国当代最著名的雕塑艺术大师亨利·摩尔所言：“雕塑不是被动地依附于环境中，它与环境之间应有一种自然和谐的互动关系。”居住小区雕塑景观的选择定位通常考虑以下几种：题材和形式以装饰手法居多，多选择人物、动物等造型特点，如图5.174～5.177所示，或写实或抽象变形，在空间中布置灵活，体积尺度适中等，与植物，水景等其他景观要素搭配协调美观，增添居住环境的艺术感染力。

图5.174 装饰人体雕塑

图5.175 装饰莲子雕塑

图5.176 装饰人物雕塑

图5.177 水果切片装饰景观

2. 种植容器

种植容器是盛放容纳各种观赏植物的箱体，在居住小区景观中应用极为广泛，如图5.178～5.183所示。在露天开放性强的环境中，种植容器应考虑以采用抗损性强的硬质材料为主；在居住小区中心景观中，可设一些较永久性的以混凝土材料为主的种植容器；在一些多功能场所，则可设一些易迁易变的种植容器，以适应场所气氛的更换。

图5.178 不锈钢种植容器

图5.179 陶制品种植容器

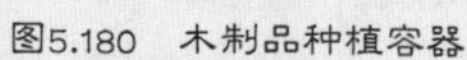

图5.180 木制品种植容器

图5.181 陶瓷种植容器

图5.182 石材贴面方形种植容器

图5.183 石材、铸铁圆形种植容器

3. 模拟性景观构筑物

模拟性景观构筑物是现代造景手法的重要组成部分，它是以替代材料模仿真实材料，以人工造景模仿自然景观，以凝固模仿流动，是对自然景观的提炼和补充，如果运用得当会超越自然景观的局限，达到特有的景观效果。模拟性景观构筑物的分类及要点见表5-18。例如，利用假山和堆石来代替雕塑小品是我国传统园林设计中常用的手法，但是在同一个居住小区内不易用得太多，也不易体量过大。

表5-18 模拟性景观构筑物

分类名称	模仿对象	设计要点
假山石	模仿自然山体	①采用天然石材进行人工堆砌再造。分观赏性假山和可攀登假山，后者必须采取安全措施。②居住小区堆山置石的体量不宜太大，构图应错落有致，选址一般在入口、中心绿化区。③适应配置花草、树末和水流口
人造山石	模仿天然石材	①人造山石采用钢筋、钢丝网或玻璃钢作内衬，外喷抹水泥做成石材的纹理褶皱，喷色是仿石的关键环节。②人造石以观赏为主，在人经常蹬踏的部位需加厚垣实，以增加其耐久性。③人造山石覆盖层下宜设计为渗水地面，以利于保持干燥
人造树木	模仿天然树木	①人造树木一般采用塑料做枝叶，枯木和钢丝网抹灰做树干，可用于居住区入口和较干旱地区，具有一定的观赏性，可烘托局部的环境景观，但不宜大量采用。②在建筑小品中应用仿木工艺，做成梁柱、绿竹小桥、木凳、树桩等，达到以假代真的目的，增强小品的耐久性和艺术性。③仿真树木的表皮装饰要求细致，切忌色彩夸张
枯水	模仿水流	①多采用细砂和细石铺成流动的水状，应用于居住区的草坪和凹地中，砂石以纯白为佳。②可与石块、石板桥、石并及盆景植物组合，成为枯山水景观区。卵石的自然石块作为驳岸使用材料，塑造枯水的浸润痕迹。③以枯水形成的水渠河溪，也是供儿童游戏玩砂的场所，可设计出“过水”的汀步，方便活动人员的踩踏口
人工草坪	模仿自然草坪	①用塑料及织物制作，适用于小区广场的临时绿化区和屋顶上部。②具有良好的渗水性，但不宜大面积使用
人工坡地	模仿波浪	①将绿地草坪做成高低起伏、层次分明的造型，并在坡尖上铺带状白砂石，形成浪花。②必须选择靠路和广场的适当位置，用矮墙砌出波浪起伏的断面形状，突出浪的动感
人工铺地	模仿水纹、海滩	①采用灰瓦和小卵石，有层次有规律地铺装成鱼鳞水纹，多用于庭院间园路。②采用彩色面砖，并由浅变深逐步退晕，造成海滩效果，多用于水池和泳池边岸口

5.6.5 居住小区信息标识系统

居住小区信息标识系统主要包括指示牌与标识、出入口导视物、平面布局导视物、方位导视物、交通导视物和禁忌导视物等。信息标识的位置应醒目且不能对行人交通及景观环境造成妨害；标识的色彩、造型设计应充分考虑其所在空间环境以及自身功能的需要；标识的用材要求经久耐用，不易破损，方便维修；各种标识应确定统一的格调和背景色调以突出物业管理形象。

图5.184 出入口导视物1

图5.185 出入口导视物2

1. 指示牌与标识

指示牌与标识是一个居住小区可识别性的重要内容。小区里需要设置的一些指示牌如公共建筑、停车场地、社区服务的位置，在居住小区内各个组团处也应该设置指示牌和标识。

特别提示

指示牌与标识的高度和大小要适当，设置可以与路灯和庭院灯的设置相结合，以便人们识别和使用。指示牌通常采用立地形式，体量较大，应该设置在居住区内的醒目位置；标识通常指楼号、楼名、组团名等小的可识别性标识，可以悬挂在组团尽端醒目的建筑物外立面上。居住小区内指示牌和标识的设计应根据建筑和景观设计的整体风格协调统一。

2. 出入口导视物

出入口导视物是位于居住小区出入口的物体，如图5.184，图5.185所示。除此之外，也有位于街道或巷弄中，离居住小区入口较远的导视物，是引导访问者从离城市住宅区较远的地方，逐步进入居住小区出入口的必要指引，通过阅读导视物的信息内容，可以方便地到达小区。

3．平面布局导视物

从城市居住小区空间位置来看，平面布局导视物包括室外和室内两部分内容。在居住区或小区入口处应设置个平面图或鸟瞰图以便于外来探亲访友的人们准确地寻找住处，其中要清晰的反映出住宅区建筑物、景观和绿化带以及交通道路的分布情况，是人们获得住宅区整体印象的便捷方式，如图5.186～5.191所示。

图5.186　不锈钢小区平面导视物

图5.187　石材铸铜镶嵌平面导视物

图5.188　木质喷漆平面布局图

图5.189　综合材料拼贴平面布局导视图

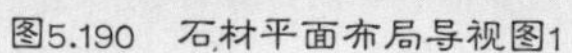

图5.190　石材平面布局导视图1

图5.191　石材平面布局导视图2

4. 方位导视物

当人们进入不熟悉的公共空间时，需要查看明确的方位导视物。这些导视物明确指引了该居住区人群如何进入这些重要空间，如楼体分布、会所、老人活动场所、儿童娱乐场所等，如图5.192～5.195所示。

图5.192　新材料异形方位导视牌

图5.193　以扬琴为造型的方位导视牌

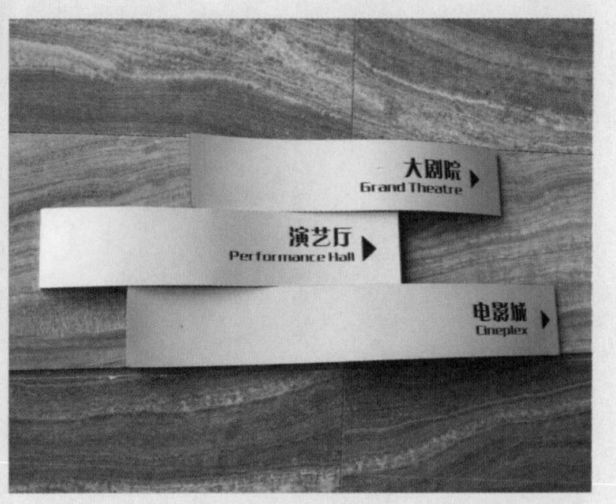

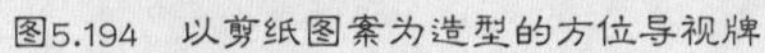

图5.194　以剪纸图案为造型的方位导视牌

图5.195　建筑物上的方位导视牌

5．交通导视物

在城市居住小区内，行人和机动车辆的交通路线往往相互交叉，设置交通导视物如图5.196～5.199所示，可以明确标明了住宅区的出入地点、道路分布、停车场的位置和行路人的出行场所。

图5.196　车辆停放导视牌1

图5.197　车辆停放导视牌 2

图5.198　地下车库入口导视牌

图5.199　交通警示牌

6．禁忌提示牌

禁忌提示牌是要求人们在特定的空间环境下必须注意的事项，往往涉及空间人群的生命安全和财产安全，带有强制性或重要提示的性质，其信息内容是进入特定空间必须严格遵守的规定，如图5.200～5.203所示。

图5.200　金属材质喷漆提示牌1

图5.201　金属材质喷漆提示牌2

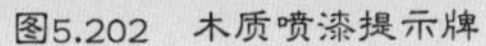
图5.202 木质喷漆提示牌

图5.203 以传统文化元素符号为造型的石材提示牌

5.7 居住小区无障碍系统设计

无障碍设施系统是专为残疾人设计的设施。在居住小区空间中应为残疾人提供方便。

5.7.1 居住区无障碍设计

1. 通行宽度及坡道的设置

根据我国《方便残疾人使用城市道路和建筑物设计规范》(以下简称《方便残疾人使用设计规范》)中规定，人行道宽度不得小于2500mm。无障碍道路的宽度一般需要考虑手扶轮椅的宽度。轮椅宽650mm，加上其他可通过一个人行走的宽度，宽度为1200mm，手扶轮椅双向通过时的双行道宽度不小于2000mm。道路提供手摇三轮车形式的宽度为1900mm，转向角度180°，还需留有安全距离。成年人在使用轮椅时视线高度为110～120cm左右，容易受行人或物体的遮挡，所以在电梯口、楼梯口、坡道处的导视物位置就要设置在合适的视线高度，同时也要满足正常人的使用如图5.204所示。

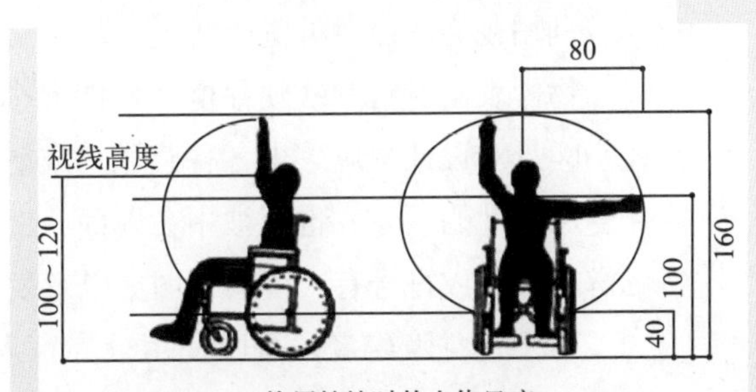

图5.204 使用轮椅时的人体尺度

根据我国《方便残疾人使用设计规范》中规定，对于地形困难的地段最大坡度为3.5%。

无障碍缘石坡道是指人行道高出车行道，需用路缘坡道进行过渡处理，以便轮椅及残疾人通过的坡道。无障碍缘石坡道有三种基础形式：单面坡缘石、外伸坡道和三面坡缘石坡道。缘石坡道的尺寸，正面坡的尺寸不得大于1∶12。正面宽度不得小于1200mm。缘石转角处最小半径为500 mm。

特别提示

无障碍坡道表面材料的要求与人行道表面的材料要有所区别，根据坡度大小的不同，因此材质的表面要做防滑处理，如石材可做火烧面、机剖面、斧剁面处理最为合适，以消除安全隐患。

2．楼梯与台阶

供拄杖者及视力残疾者使用的楼梯不宜采用弧形楼梯，楼梯的净宽不宜小于120cm，不宜采用无踢面的踏步和突缘为直角的踏步，梯段两侧在90cm高处设置扶手且保持连贯，楼梯起点及终点处的扶手应水平延伸30cm以上；供拄杖者及视力残疾者使用的台阶超出三阶时，在台阶两侧应设扶手。坡道、走道、楼梯为残疾人设上下两层扶手时，上层扶手高度为90cm，下层扶手高度为65cm。

3．出入口

建筑物的出入口考虑残疾人使用时，适宜内外地面相平。如果室内外有高差时，应采用坡道连接。在出入口的内外应留有不小于150cm×150cm平坦的轮椅回转面积。

5.7.2 视觉无障碍设计

利用视力残障者听觉、触觉比较发达的特点，用手和脚的触觉可以感觉分辨出材料和物体表面材料的软硬程度、弹性大小、光滑粗糙、动与静等多方面的信息。在居住小区景观设计中应采用各种感触物或触辨物，用不同粗细、软硬的铺装来进行盲道和普通场地的区分。也可被用在地面、墙面、栏杆或者其他可以触及的任何地方。可触辨的标识或符号有：盲文、图案以及发生标识。

对于视觉障碍者，可以使用世界盲人联合组织规定的象征性图形，如图5.205，图5.206所示。告诉正常行为能力者，在日常的生活中注意不要与视觉障碍者产生空间使用上的冲突，保证他们的出行安全。交通路道上的盲道设置是最基本的，除此之外，还可以设置埋在地下的信息传感报知系统，给这些人群以行为方式上的提示。例如，在日本，信息传感报知系统每当感知到特殊磁片靠近时，感应系统中的扩音器就会自动播放声音说明，提示视觉障碍者注意道路情况，这种设置就像我们在参观展览时，经常用到的感应式自动解说器一样。对于色盲和色弱的视力障碍者，需要避免使用他们不能识别的颜色。

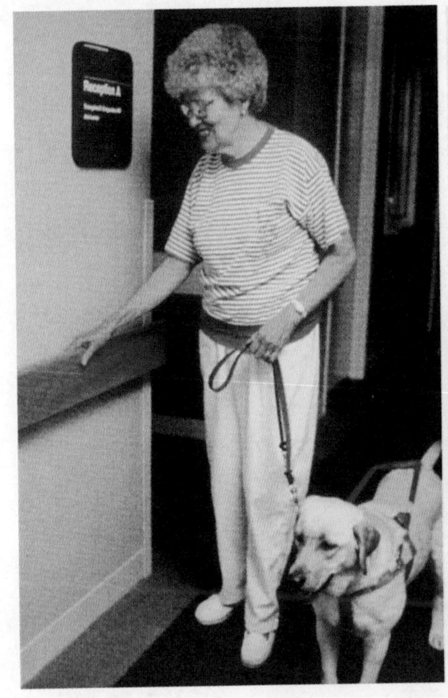

图5.205　盲文的应用

图5.206　盲文的应用(局部)

5.7.3　国际通用无障碍标志设计

国际通用无障碍标志设计，如图5.207所示。

指示残疾人停车场的符号

可独立进入入口的符号

指示带坡道入口符号

轮椅可进入的卫生间的符号

轮椅可进入电梯的符号

有人援助的符号

图5.207　无障碍标志设计
资料来源：《无障碍设计概论》

本章小结

本章对绿地景观设计、装饰水景设计、灯光照明设计、地面铺装设计、景观小品设计、无障碍设施设计作了详细的阐述，内容包括居住小区各景观场所植物配置、空间尺度和设计方法、水景的类型、材质的选择、照明的种类、造型与材料运用、铺装的结构形式、材质的运用和色彩变化、景观小品的主题定位、无障碍设施设计的标准与规范等。

具体内容包括：植物配置的空间层次、植物造景、色彩和线形变化等。装饰水景效果图设计方法、空间透视变化。灯光照明的设计方法、光色变化、光污染问题的处理。不同场所铺装的形式结构变化、材质的选用和色彩变化。景观小品设计与小区主体建筑风格统一协调关系。无障碍设施设计标准包括道路的宽度、各入口的坡道、台阶和触摸标示牌等的设计。

本章的教学目标是使学生掌握各种景观设施的功能、造型风格、空间尺度、色彩变化、材料的选择与应用，会根据景观工程项目的不同特点和环境要求进行合理的设计。

习　题

1. 居住小区景观元素主要包括哪些内容？
2. 简述南北方分别适合四季变化的植物种类。
3. 居住小区水景观设计中动水有哪些设计形式？
4. 居住小区照明设计应该注意哪些问题？
5. 简述居住小区景观小品设计的思路。

第6章　案例分析

教学目标

本章是一个居住小区景观设计的完整案例，详细展现了居住小区景观设计的程序和方法，通过整个案例的学习，让学生在前面几章理论内容学习的基础上切入到实际案例中，围绕具体方案展开从整体规划到景观元素的详细设计，将设计思维方法与具体案例的实际情况相结合，为学生的实践学习提供清晰易懂的参考。

学习要求

知识要点	能力目标	权重	自测
总体设计	掌握居住小区景观总体设计部分需要完成的任务以及总体设计部分的过程	50%	
详细设计	掌握居住小区景观详细设计部分需要完成的任务以及详细设计部分的设计过程	50%	

章前导读

本章在理论知识讲解的基础上与实际案例相结合，从总体设计和详细设计两个部分对案例进行分析讲解，对设计过程和设计要点做出了清晰的展现，将前面章节的理论知识直接运用到设计案例当中，让学生体会将理论和设计案例相结合的过程。

6.1 总体设计

本节要从设计概述、设计说明、总平面图、鸟瞰图、交通分析、开放空间分析、功能分区、竖向分析、植物设计、铺装设计、设施意向和灯光意向几个方面对总体设计部分进行分析。

6.1.1 设计概述

1. 区位分析

龙泉市位于浙江省西南部的浙闽赣边境，地理坐标北纬27°43′～28°20′，东经118°42′～119°25′，东西宽70.25千米，南北长70.80千米，总面积3059平方千米。东临温州经济技术开发区，西接武夷山国家级风景旅游区，距离杭州380千米，是浙江入江西、福州的主要通道，素有“鸥鹜八闽通衢”，“译马要道，商旅咽喉”之称，历来为浙、闽、赣毗邻地区商贸重镇，如图6.1所示。

图6.1 佳和小区区位分析

2. 气候分析

该项目位于中亚热带气候区。其特征是四季分明、雨量充沛、冬不严寒、夏无酷暑，春早夏长，温暖湿润。因地形复杂，海拔高低悬殊，气候基本呈垂直分布，光、温、水地域差异明显。海拔800米以下区域属凉亚热带温润季风气候；海拔800米以上区域近于暖温带湿润季风气候。

3. 本方案区位

本方案位于龙泉市中心贤良路南，与市政府相邻，周边配套设施有市体育馆，游泳馆，市政广场，条件独一无二，如图6.2所示。

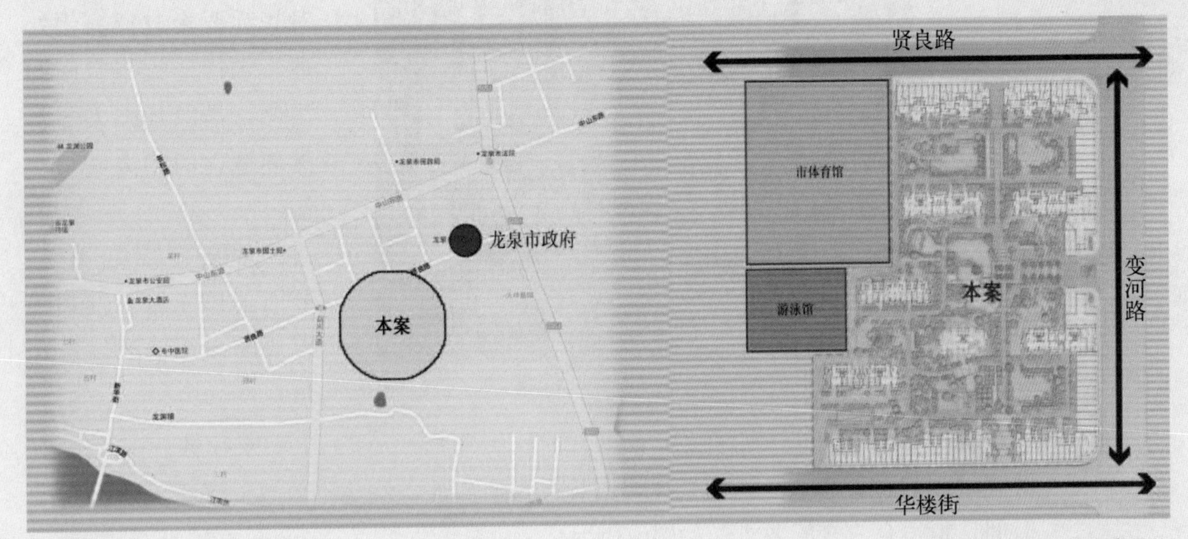

图6.2 佳和小区方案区位

6.1.2 设计说明

1. 设计概括

本案例要处理好人、建筑和环境三者之间的协调关系，以一个超大型的生态社区的理念为主导，注重居住者的精神需求，居住环境园林化，为居民提供一个宽松、优美、和谐、宁静的居住空间环境。

2. 总体布局

超尺度宅间绿地，开敞空间与半开敞空间相结合；主入口水景设置，满足人们“生于水而安于水”的愿望；整个小区人车分流，以减少小区的噪声污染和安全隐患；健康步道与景观相结合，营造一个处处有景、步移景异的精神家园。

3. 设计风格

本案属于后现代风格，注重景观形态对人的心理感觉和景观感受的影响，尤其以水景和植被、绿地景观为主题，表现水清、景美、绿色。

4. 设计目标

人性化，以人为本，充分考虑居住者的需求，以安全、实用、绿色、生态等各方面要求。

图6.3 景观元素

简约性，有意识的对景观要素进行简化处理，包括形式与空间的简化，借以加强人与自然环境之间的沟通与交流。

高品质，设计标准要求层次高，以利于形成美观和谐的居住环境。

永续性，一个没有时间限制的设计概念，强调景观的成长性与耐久性，使其不单单局限于某一特定的时间，也适合未来的要求，如图6.3所示。

5. 色、香、味、形、声的交织

色：四季常绿且要感觉出季节交替的变化，植物配搭需考虑到四季常青，季季花开，夏则鲜艳，冬则清雅。

香：植物选择具有香气的种类，如腊梅、紫薇、桂花等花香植物。

味：全冠移植保证了树木原汁原味的生长形态。

图6.4 植物形态

形：本案所用的树木要求每株的形态都要美，植物的摆放更需要360°审美，为业主提供最佳的观赏效果，如图6.4所示。

图6.5 主入口水景

声：喷泉和跌水是本案运用到的重要景观，在小区入口、景观视线焦点等处出现，不仅是一处水景，而且能营造出水声，能听到“景观的声音”，如图6.5所示。

6.1.3 总平面图

本案如图6.6所示采用图画般的平面构图方式，水系、花卉带、步行道都经过科学的弧度计算排布，特别在低密度项目尤为突出。

特别提示

高层项目以曲线的平面构图方式为主，在重要景观节点以富有规整元素的硬质空间做互补，显现高层社区的空间大气感。

主要经济技术指标

总用地面积：42892平方米
建筑占地面积：13395平方米
景观面积：33780平方米(包括架空层)
建筑密度：31.23%
容积率：2.499
绿地率：31%

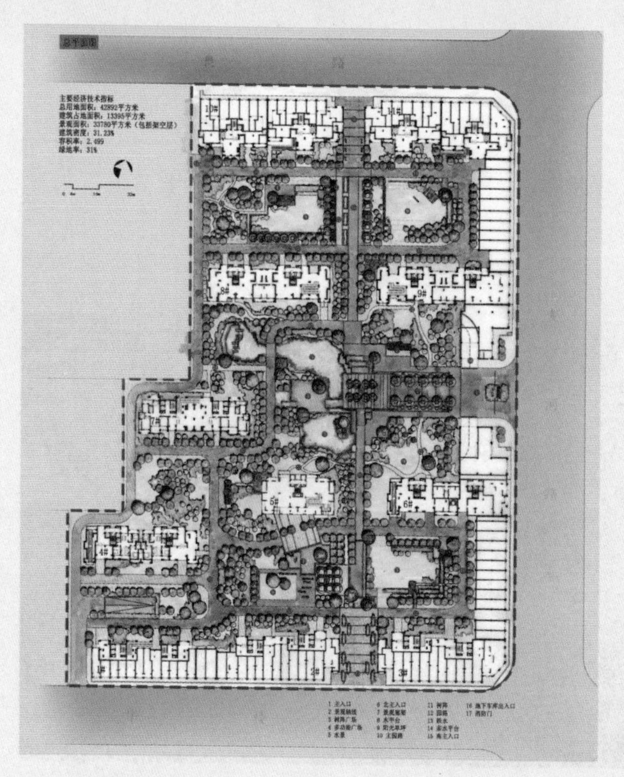

图6.6　佳和小区总平面图

1.主入口　2.景观轴线　3.树阵广场　4.多功能广场　5.水景　6.北主入口　7.景观廊架　8.木平台　9.阳光草坪　10.主园路　11.树阵　12.园路　13.跌水　14.亲水平台　15.南主入口　16.地下车库出入口　17.消防门

6.1.4　鸟瞰

本案的鸟瞰图，如图6.7所示。

图6.7　鸟瞰图

6.1.5 交通分析图

本案交通分析图，如图6.8所示。

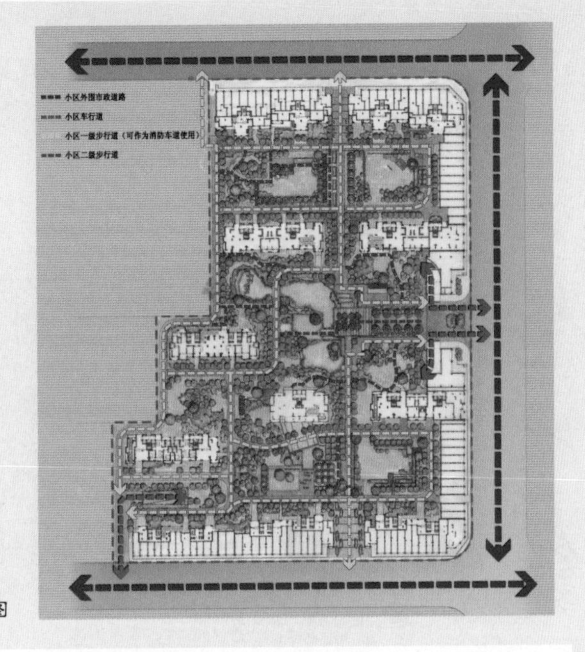

图6.8 佳和小区交通分析图

6.1.6 开放空间分析

本案开放空间分析图，如图6.9所示。

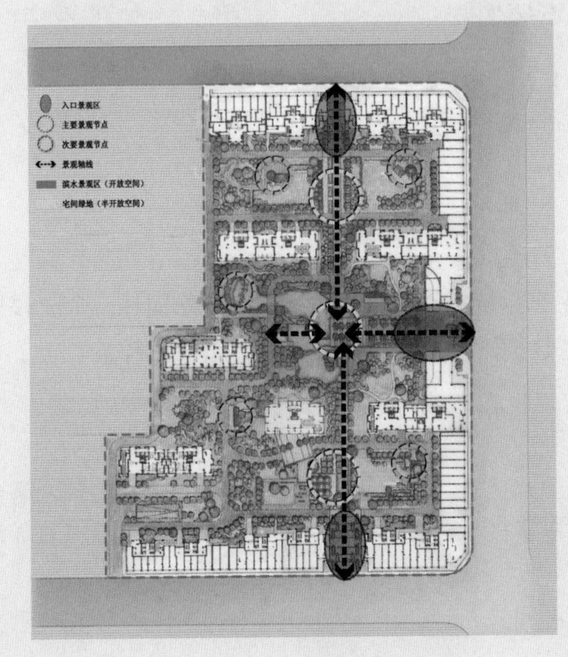

图6.9 佳和小区开放空间分析图

6.1.7 功能分区

本案功能分区，如图6.10所示。

6.1.8 竖向分析

本案的竖向分析，如图6.11所示。

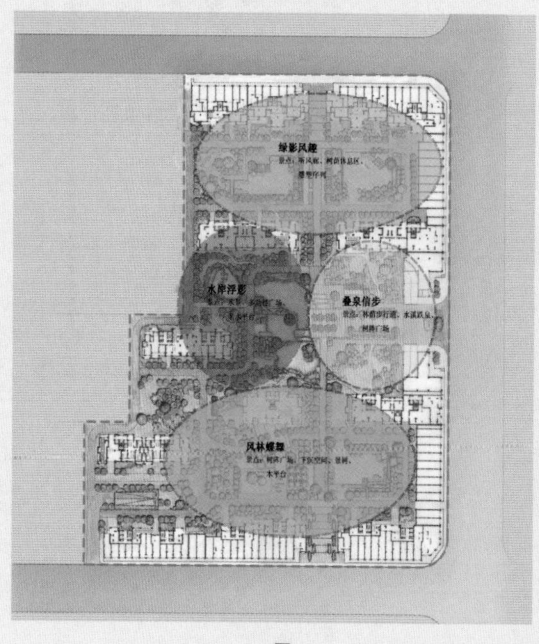

图6.10　佳和小区功能分析图

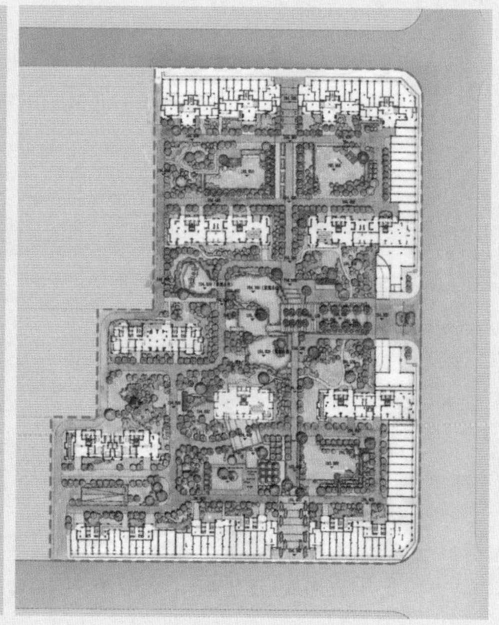
图6.11　佳和小区竖向分析图

6.1.9 植物设计

1. 设计目标

本案以为居民创造一个有效的生态系统和软质景为目标，以成熟园林、全冠移植为手法。在环境设计上，讲究植物是建筑的外立面，项目未动，园林先行。

特别提示

此项目的景观工作人员在深入研究地区特征、自然环境、植物特征以及当地人的偏好之后，以同纬度选树为原则，选择丰富树种，使树顺利渡过放根、驯化、移栽、保活等过程，不仅保证园林的多姿多彩，且解决了成活率的难题。

本案成熟园林的呈现，让业主入住时即可拥有成熟、丰富、精致的园林景观，无需等待多年。全冠移植的技术手法，保证了植物在同纬度地区保持原汁原味的生长形态，提供宜人的活动空间和视觉归属感，如图6.12所示。

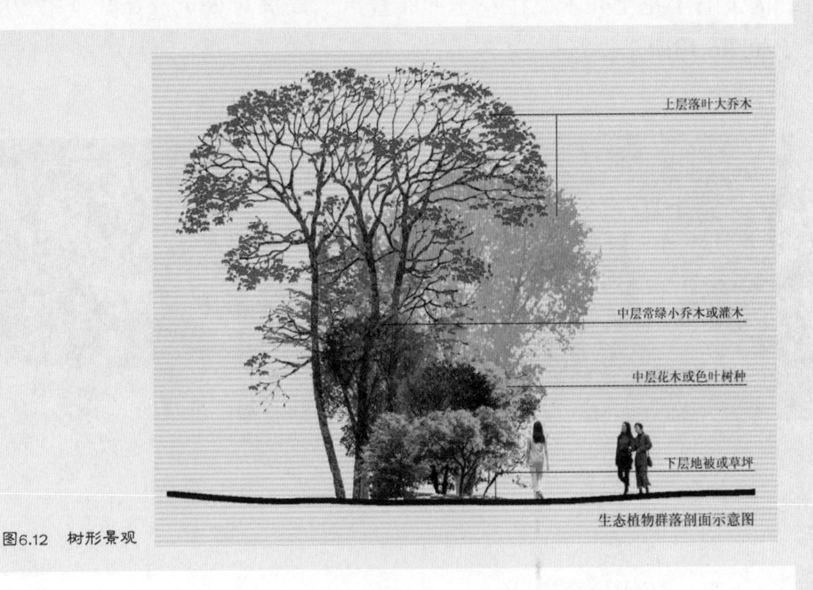

图6.12　树形景观

2．设计原则

提倡植物的本土性和适地性；以人为本，充分考虑住户的活动需求；利用植物造景形成生态的软质景点；疏密搭配、活动空间和生态效应兼得原则；乔木选择考虑种植环境，以浅根系为原则；植物布局充分考虑光照，阴阳面的适应性。

3．植物空间类型设计

植物空间类型设计包括活动大草坪、观赏草地、疏林草地空间、纯林空间和密林空间设计，如图6.13所示。

图6.13　植物空间类型

4．点景树设计

点景树的设计结合小区硬质景观设计，在局部空间以植物作为主景。可选择树型优美的丰花小乔木，在花季形成景点。局部对景可选择叶量丰盈的大桂花作为点景，如图6.14所示。

图6.14　点景树设计

5．植物分层设计

1) 植物分层设计——上层

上层植被是绿地的骨架，分为常绿乔木和落叶乔木。选择树种时以浅根系为前提，保证根系不影响地下车库顶的结构。

特别提示

小区内机动车环道以香樟为主调树种，形成自然的行道树，保证冬天一个绿色的骨架。其他步行道以黄山栾树为行道树，黄山栾树生长迅速，能快速成林荫道，并保证冬日有充足的阳光。

建筑物的北面选择耐荫半耐荫乔木如杜英、红果冬青等，保证在小高层北面能生长健康。选择秋色叶树种的搭配，形成小区内丰富的季相色彩变化，让景观有生命，给居住小区中的住户有季节变化的感受，如图6.15所示。

图6.15　上层植物设计

2) 植物分层设计——中层

中层植物主要包括大灌木、修剪灌木球、小乔木。中层植物配置可以增加绿地绿量，形成绿色屏障，形成围合空间，如图6.16所示。

根据景观设计需要，主要选择以下品种形成植物景观。

常绿灌木：桂花、含笑、美人茶、大花栀子、红叶石楠、海滨木槿、无刺枸骨球等。

落叶灌木：腊梅、紫薇、紫荆、木绣球、木芙蓉等。

开花小乔木：垂丝海棠、白玉兰、花石榴、西府海棠、日本晚樱等。

色叶小乔木：鸡爪枫、红枫、羽毛枫等。

图6.16 中层植物设计

3) 植物分层设计——下层

下层植物主要包括草地、地被和修剪灌木。

小区草地选择耐践踏型马尼拉，保证不受居民高密度活动的影响。

地被灌木设计以常绿为主调，包括地被，常绿整形灌木和花灌木。注重色彩搭配、高低搭配、花期搭配。重点林缘配置部分花境，细化植物景观，如图6.17所示。

特别提示

利用多层次的搭配丰富下层植物景观，增强季节变化，给住户亲切新鲜的感觉。架空层及背阴墙角选择耐荫地被灌木，保证生长良好。

图6.17　植物配置景观

6. 高覆盖的立体绿化

本案采用彻底的人车分流，机动车在小区入口处直接入库，这样即减少了小区内的道路面积，又保证了高绿化覆盖率，并起到了降噪、低碳的功效，还消除了安全隐患，如图6.18所示。

图6.18　人车分流景观

7. 细心的园林维护

绿化工作标准：

草长不得超过10厘米；每平方米杂草不能超过5株；根据每个社区的美化效果设计规划每棵树未来的长势，从而选择不同的修剪方法；前一两年属保活调整期，长期保持与业主沟通、观察并与配置公司一起进行整改，进入下一季节进行补栽、补种等调整。

6.1.10 铺装设计

小区的不同空间采用不同的材质铺装，营造出以现代风格为主，局部透露出怀旧田园的氛围，如图6.19，图6.20所示。

图6.19 铺装设计1

图6.20 铺装设计2

6.1.11 设施意向

贴合主题的情景化小品，本案的公共设施和小品都是通过景观设计师精心的设计和摆置，造型独具匠心，营造出自然的情景化生活。小品风格统一，但造型上富于变化，表现形式各异，如图6.21所示。

6.1.12 灯光意向

本案例采用的灯具风格统一，不论点、线、面形的灯具，都是现代简约主义风格，如图6.22所示。

图6.21　设施设计

图6.22　灯光意向设计

6.2 详细设计

本节从跌泉信步、水岸浮影、绿影风趣、风林蝶舞和架空层几个方面来展现详细设计的过程。

6.2.1 跌泉信步

竹林是中国文人墨客休闲会友佳境，茶余饭后，不论是独自徜徉，和家人一起散步，或是同学朋友小聚，是一处完美的绿色休闲佳境。让人带着休闲的气息，坐在古朴的石凳上，追忆往事，欣赏四季绿色清雅之景，让人感受紧张的工作之余，心灵平静的享受，如图6.23，图6.24所示。

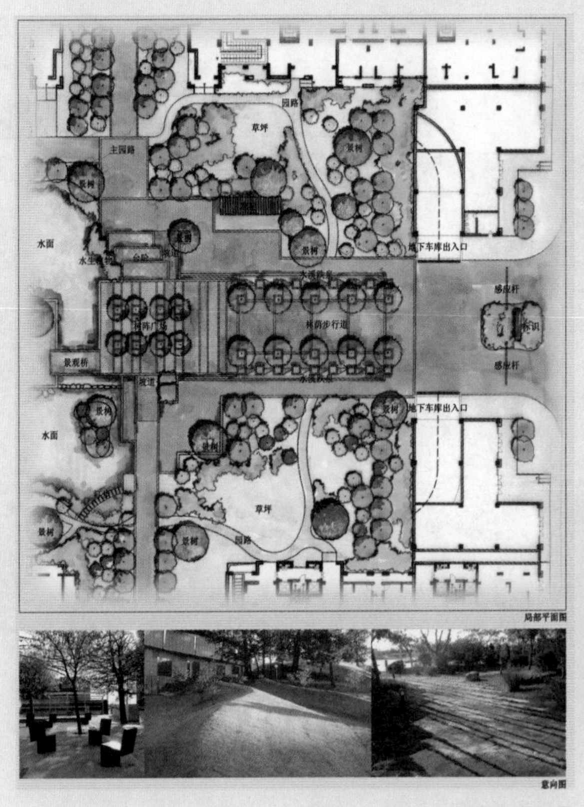

图6.23　佳和小区平面布局图

图6.24　主干道景观

特别提示

两侧设计有2.5米宽无障碍园路，水溪跌泉与竹阵序列等景观细节的处理，给人“枕溪傍竹”的生活意境。

6.2.2 水岸浮影

水岸浮影是小区的景观核心区域，也是人们出入的必经的场所，水景观中有小桥、河岸小景、流水、水生植物、多功能活动场地等，人们可以驻足与邻居交流、赏景，也可以在此进行早晚锻炼，体现了人与自然的融合，如图6.25，图6.26所示。

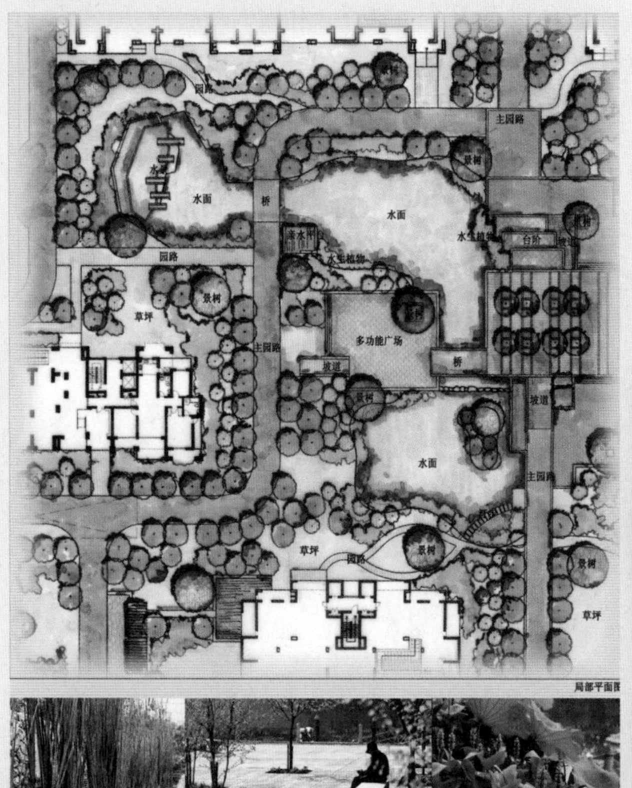

图6.25　佳和小区水岸浮影平面图

图6.26　水岸浮影立面图

6.2.3　绿影风趣

阳光草坪、雨廊、花廊，树荫场地、入口区的雕塑序列，绿树成荫，偶有阳光洒落，人们可以在午后的花廊下乘凉和聊天，也可以一家人在草坪上玩耍，在听风廊里遐思静想，为居民创造一个休闲放松的居住环境，如图6.27，图6.28，图6.29，图6.30所示。

特别提示

下沉空间弱化了主园路的单调性，与树阵广场、入户小广场相结合，丰富的空间变化，配以自然形态条石、花草芬芳、翠竹成幕、绿树妖娆，一片热闹的景象，赋予居住者一种宁静、祥和的生活空间。

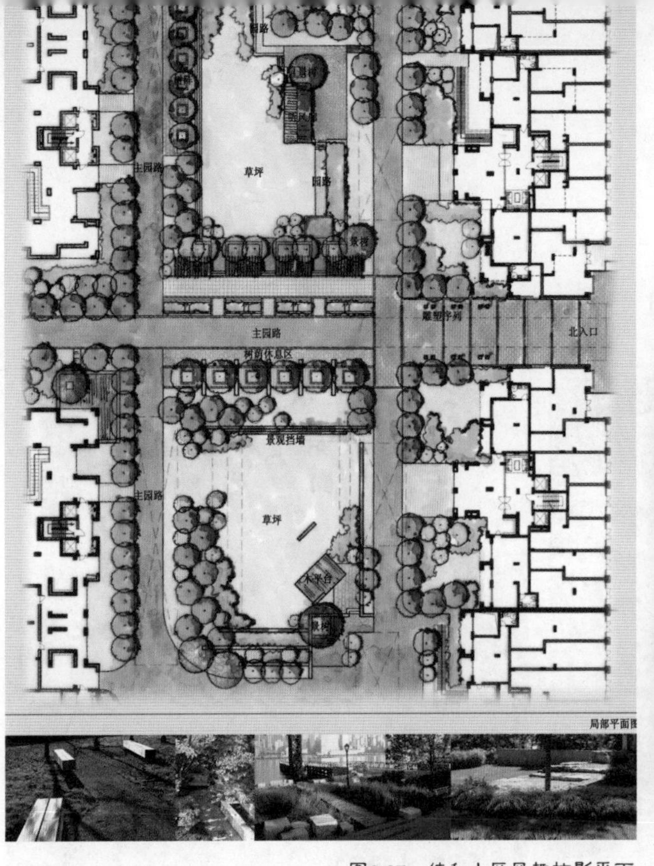

图6.27　佳和小区风趣掠影平面

图6.28　风趣掠影效果图1

图6.29　风趣掠影效果图2

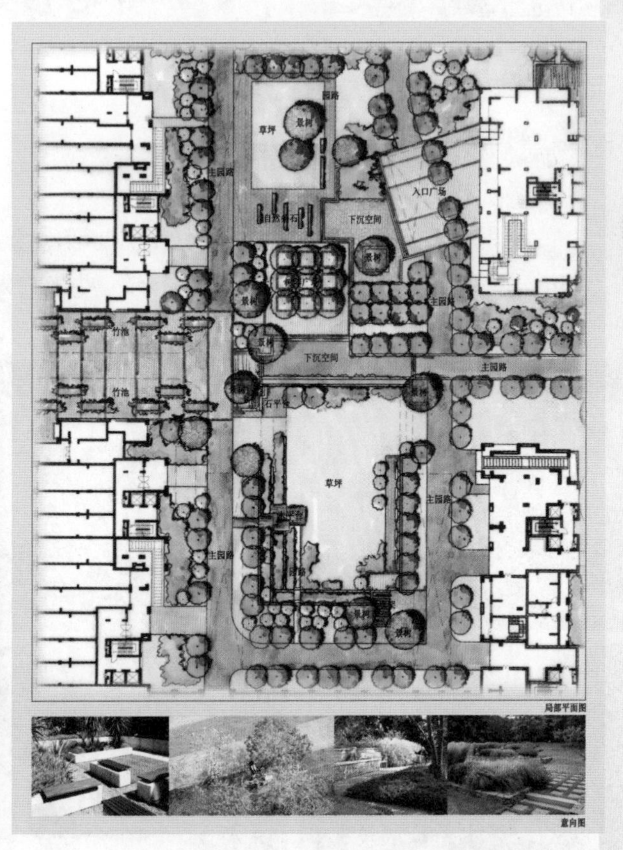

图6.30　风林蝶舞平面图

6.2.4 风林蝶舞

风林蝶舞效果图，如图6.31，图6.32所示。

图6.31 风林蝶舞效果图1

图6.32 风林蝶舞效果图2

6.2.5 架空层

利用一楼架空层的公共空间设置小型活动场(如乒乓球、篮球)、儿童娱乐区、休闲活动区等，使居民在恶劣天气也能有一些半户外的活动空间，如图6.33所示。

图6.33 一楼架空层公共空间设施

本章小结

本章以案例的形式展现了居住小区景观设计的整个过程，分析过程中以导视图为主要形式，目的是让设计过程能够更直观。本章分为总体设计和详细设计两大部分，分别从设计概述、设计说明、总平面图、鸟瞰图、交通分析、开放空间分析、功能分区、竖向分析、植物设计、铺装设计、设施意向、灯光意向等几个方面的总体分析和跌泉信步、水岸浮影、绿影风趣、风林蝶舞和架空层几个方面的详细介绍。以此启发学生的设计思路和解决设计细节问题的实际操作能力。

习 题

1．对上述案例进行研读学习，分析居住小区景观设计实际案例设计中，有哪些需要注意的问题。

2．选择一个居住小区(虚拟课题或者真实案例)，来进行景观方案的全面设计，要求有明确的分析过程．辅助图示．效果图和施工图。

附录　我国常用园林植物的分布

园林植物的生存和生长主要受温度、光照、水分、土壤、地形的影响。结合我国各地的实际情况，一般将园林植物的分布划分为11个大区。分别为寒温带针叶林区、温带阔叶混交林区、北部暖温带落叶阔叶林区、南部暖温带落叶阔叶林区、北亚热带阔叶常绿混交林区、中亚热带常绿落叶阔叶林区、南亚热带常绿阔叶林区、热带季雨林及雨林区、温带草原区、温带荒漠区和青海高原高寒植被区见附表1。

附表1　我国常用园林植物的分布

城市	区划	乔木	灌木	草坪、地被
北京(太原、天津、石家庄、秦皇岛、济南)	北部暖温带落叶阔叶林区	银杏、毛白杨、钻天杨、河北杨、泡桐、旱柳、馒头柳、绦柳、合欢、国槐、刺槐、红花刺槐、皂荚、山皂荚、洋白蜡、臭椿、千头椿、悬铃木、梧桐、栾树、板栗、槲栎、栓皮栎、蒙椴、康椴、君迁子、柿树、元宝枫、杜仲、丝棉木、火炬树、小叶朴、核桃、榆、桑、玉兰、二乔玉兰、望春玉兰、杏、枣树、杜梨、楸树、梓树、桂香柳、暴马丁香、龙抓槐、海棠花、山楂、西府海棠、紫叶李、白梨、山桃、碧桃、文冠果	沙地柏、大叶黄杨、矮紫杉、朝鲜黄杨、小叶黄杨、铺地柏、天目琼花、白玉棠、玫瑰、月季、麻叶绣球、紫荆、丁香、迎春、石榴、金叶女贞、小叶女贞、珍珠花、雪柳	野牛草、紫羊茅、中华结缕草、日本结缕草、羊茅、蒲公英、二月兰、白三叶、羊胡子草、紫花地丁、匍茎剪股颖
哈尔滨(长春)	温带针叶混交林区	长白松、樟子松、黑皮油松、紫杉、长白侧柏、辽东冷杉、杜松、青杆、兴安落叶松、长白落叶松、旱柳、粉枝柳、五角枫、杏、山槐、山荆、花曲柳、山杨	天山圆柏、沙地柏、偃松、矮紫杉、欧洲丁香、水蜡、匈牙利丁香、喜马拉雅丁香、黄刺玫、玫瑰、刺梅蔷薇、东北珍珠梅、风箱果、花木蓝、天目琼花、刺五加	林地早熟禾、草地早熟禾、加拿大早熟禾、紫羊茅

续表

城市	区划	乔木	灌木	草坪、地被
郑州(济南、西安)	南部暖温带落叶阔叶林区	云杉、桧柏、龙柏、刺柏、女贞、广玉兰、油松、白皮松、黑松、华山松、赤松、雪松、日本花柏、日本扁柏、侧柏、枇杷、石楠、棕榈、蚊母、桂花、水杉、银杏、悬玲木、毛泡桐、泡桐、梓树、楸树、桑树、青桐、毛白杨、黄连木、国槐、龙爪槐、刺槐、皂荚、合欢、乌桕、旱柳、垂柳、枫杨、核桃、槲栎、光叶榉、栾树、小叶朴、杜仲、板栗、麻栎、栓皮栎、柿树、构树、白蜡、洋白蜡、玉兰、枣树、鸡爪槭、红枫、茶条槭、五角枫、流苏、刺楸、楝树、丝绵木、四照花、七叶树、臭椿、千头椿东京樱花、杏、木瓜、海棠花、紫叶李、白梨、日本晚樱、山楂、碧桃	珍珠花、粉花绣线菊、现代月季、平枝栒子、鸡麻、紫珠、棣棠、细叶小檗、紫叶小檗、牡丹、东陵八仙花、木本绣球、三桠绣球、金叶女贞、紫荆、小叶女贞、连翘、丁香、雪柳、迎春、腊梅、锦鸡儿、胡枝子、太平花、山梅花、红瑞木、锦带花、海仙花、天目琼花、金银木、石榴、接骨木、花椒、竹叶椒、木槿、秋胡颓子、紫珠、紫薇、紫玉兰	中华结缕草、日本结缕草、马尼拉结缕草、草地早熟禾、早熟禾、匍茎剪股颍、小糠草、紫羊茅、羊茅、双穗雀稗、麦冬、红花酢浆草、鸢尾、萱草、紫萼玉簪、白三叶、二月兰、连钱草
南京(扬州、无锡、苏州、合肥)	北亚热带阔叶常绿混交林区	湿地松、黑松、赤松、白皮松、马尾松、罗汉松、雪松、桧柏、龙柏、云片柏、柏木、日本冷杉、日本五针松、日本花柏、日本扁柏、北美圆柏、广玉兰、女贞、柳杉、青冈栎、棕榈、桂花、石楠、蚊母、刺桂、珊瑚树、枇杷、油橄榄金钱松、水杉、落羽杉、池杉、悬铃木、黄金树、楸树、榔榆、光叶榉、白蜡、桑树、构树、刺槐、江南槐、国槐、龙爪槐、合欢、银杏、薄壳山核桃、枫杨、毛白杨、杜仲、柿树、垂柳、赤扬、板栗、	平头赤松、翠柏、铺地柏、鹿角柏、千头柏、线柏、火棘、海桐、枸骨、山茶花、茶梅、胡颓子、大叶黄杨、小叶黄杨、黄杨、迎春、夹竹桃、南天竹、十大功劳、阔叶十大功劳、凤尾兰、丝兰、小叶女贞、金叶女贞、小蜡、水蜡、金丝桃、桃叶珊瑚、洒金动瀛珊瑚、八角金盘、紫玉兰、星花玉兰、珍珠花、麻叶绣线菊、菱叶绣线菊、玫瑰、现代月季、郁李、麦李、垂丝海棠、贴梗海棠、棣棠、山梅花、平枝栒子、海州常山、紫叶小檗、牡	狗牙根、假俭草、中华结缕草、日本结缕草、细叶结缕草、马尼拉结缕草、草地早熟禾、早熟禾、匍茎剪股颍、小糠草、紫羊茅、羊茅、双穗雀稗、宽叶麦冬、山麦冬、红花酢浆草、石蒜、石菖蒲、沿阶草、二月兰、吉祥草、鸢尾、忽地笑、玉簪、石竹、花叶蔓长春花

续表

城市	区划	乔木	灌木	草坪、地被
		麻栎、栓皮栎、朴树、槲树、槲栎、鹅掌楸、玉兰、二乔玉兰、皂荚、刺楸、青桐、毛泡桐、泡桐、七叶树、白蜡、三角枫、鸡爪槭、红枫、枳椇、枫香、丝绵木、南酸枣、黄连木、复羽叶栾树、重阳木、乌桕、臭椿、紫叶李、沙梨、东京樱花、山楂、木瓜、海棠花、梅花、碧桃、日本晚樱	丹、溲疏、金钟花、紫珠、紫薇、腊梅、紫荆、锦鸡儿、四照花、糯米条、海仙花、木本绣球、蝴蝶树、天目琼花、金银木、接骨木、无花果、结香、木槿、木芙蓉、云锦杜鹃、石榴、秋胡颓子、花椒、枸桔、醉鱼草、白鹃梅、雪柳、羽毛枫	
兰州（呼和浩特、银川、包头）	温带草原区	青海云杉、鳞皮云杉、紫果云杉、鳞皮冷杉、青杆、油松、杜松、西安桧、白皮松、华山松、祁连圆柏、大果圆柏、塔枝圆柏、侧柏、箭杆杨、钻天杨、小叶杨、青甘杨、康定杨、银白杨、新疆杨、青杨、山杨、康定柳、旱柳、小叶朴、黑榆、春榆、欧洲白榆、榆、红桦、坚桦、白桦、辽东栎、栾树、核桃、青榨槭、马氏槭、刺槐、国槐、白蜡、山荆子、山杏、海棠果、沙枣、火炬树、臭椿、白蜡、暴马丁香、文冠果、山桃稠李、花红、甘肃山楂	香荚蓬、陕甘花楸、多腺悬钩子、水栒子、西北栒子、匍匐栒子、金露梅、银露梅、珍珠梅、黄刺玫、黄蔷薇、峨嵋蔷薇、榆叶梅、东陵绣球、毛樱桃、假稠李、蒙古绣线菊、细枝绣线菊、高山绣线菊、欧李、鸡麻、接骨木、藏花忍冬、鞑靼忍冬、紫枝忍冬、黄花忍冬、小叶忍冬、陇塞忍冬、锦带花、红瑞木、金银木、紫丁香、波斯丁香、羽叶丁香、毛叶丁香、连翘、雪柳、牡丹、荆条、猬实、宁夏枸杞、直穗小檗、毛叶小檗、匙叶小檗、栓翅卫矛、紫花卫矛	野牛草、结缕草、草地早熟禾、早熟禾、林地早熟禾、加拿大早熟禾、羊茅、紫羊茅、苇状羊茅、匍茎剪股颖、小糠草、白颖苔草、糙缘苔草、异穗苔草、费菜、狭穗景天、马蔺、狼毒、东方草莓、歪头菜、金色补血草、白射干
杭州（温州、宁波、武汉、南昌）	中亚热带常绿落叶阔叶林区	常绿乔木：黑松、马尾松、赤松、湿地松、五针松、北美圆柏、日本冷杉、日本扁柏、柏木、侧柏、云片柏、日本花柏、桧柏、龙柏、白皮松、罗汉松、雪松、柳杉、红豆杉、三尖杉、广玉兰、红茴香、木莲、厚皮香、桂花、女贞、香樟、浙江樟、檫木、红楠、紫楠、杜英、冬青、石楠、青冈	铺地柏、翠柏、鹿角柏、千头柏、线柏、粗榧、南天竹、海桐、夹竹桃、栀子花、十大功劳、阔叶十大功劳、火棘、枸骨、红花油茶、油茶、山茶花、云南黄馨、含笑、瑞香、八角金盘、黄杨、桃叶珊瑚、洒金珊瑚、水蜡、小蜡、大叶黄杨、小叶女贞、金叶女贞、金丝桃、棣棠、垂丝海棠、	狗牙根、假俭草、结缕草、细叶结缕草、中华结缕草、马尼拉结缕草、草地早熟禾、早熟禾、匍茎剪股颖、小糠草、紫羊茅、双穗雀稗、山麦冬、宽叶麦冬、沿阶草、石菖蒲、蝴蝶花、马蹄金、花

续表

城市	区划	乔木	灌木	草坪、地被
		栎、钩栗、苦槠、石栎、栲树、木荷、珊瑚树、杨梅、枇杷、大叶冬青、乐昌含笑、火力楠、棕榈、蚊母。落叶乔木及小乔木：水杉、池杉、落羽杉、墨西哥落羽杉、金钱松、银杏、七叶树、鹅掌楸、玉兰、薄壳山核桃、麻栎、栓皮栎、白栎、板栗、槲栎、枫香、乌桕、栾树、全缘栾树、无患子、垂柳、大叶柳、水冬瓜、枫杨、悬铃木、重阳木、南酸枣、黄连木、八角枫、三角枫、鸡爪槭、红枫、羽扇槭、青榨槭、苦楝、川楝、榔榆、桑、柘、青桐、合欢、皂荚、枳椇、刺槐、国槐、龙爪槐、杜仲、榉树、朴树、珊瑚朴、油柿、喜树、刺楸、丝绵木、臭椿、天目木姜子、沙梨、东京樱花、杏、木瓜、紫叶李、海棠花、梅花、日本晚樱、碧桃、四照花、瓶兰花	贴梗海棠、笑靥花、珍珠花、麻叶绣线菊、凌叶绣线菊、现代月季、欧丁香、紫荆、腊梅、木芙蓉、木槿、糯米条、石榴、毛白杜鹃、云锦杜鹃、牡丹、木本绣球、蝴蝶树、金银木、无花果、结香、花椒、枸桔、醉鱼草、紫薇、溲疏、紫叶小檗、山梅花、海仙花、羽毛枫、紫玉兰、枸桔	叶蔓长春花、葱兰、韭兰、水仙、石蒜、鹿葱、忽地笑、连钱草、红花酢钱草、换棉花、雪滴花、大吴风草、二月兰、马蹄金
广州(福州、厦门)	南亚热带常绿阔叶林区	南洋杉、湿地松、杉木、加勒比松、桧柏、龙柏、侧柏、柏木、福建柏、罗汉松、柳杉、竹柏、长叶竹柏、香榧、三尖杉、印度橡胶榕、高山榕、小叶榕、大果榕、垂叶榕、黄葛榕、菩提树、木麻黄、白兰、广玉兰、厚朴、阴香、香樟、肉桂、苦梓、海南红豆、台湾相思、铁刀木、红花羊蹄甲、羊蹄甲、洋紫荆、扁桃、芒果、蒲桃、人心果、柠檬桉、窿缘桉、大叶桉、蓝桉、白千层、蝴蝶果、木波罗、樟叶槭、苦槠、青	苏铁、粗榧、米仔兰、四季米仔兰、九里香、红背桂、鹰爪花、山茶花、油茶、大叶茶、夹竹桃、黄花夹竹桃、小花黄蝉、六月雪、软枝黄蝉、小叶驳骨丹、朱蕉、变叶木、红桑、金边桑、金叶榕、光叶决明、马银花、紫金牛、含笑、海桐、十大功劳、南天竹、八角金盘、夜合、扶桑、吊灯花、红千层、福建茶、假连翘、栀子花、虎刺梅、一品红、云南黄馨、桃叶珊瑚、枸骨、洋杜鹃、映山红、凤尾兰、丝兰、华南	沿阶草、大叶仙茅、白蝴蝶、蝴蝶花、红花酢浆草、黑眼花、山麦冬、吉祥草、一叶兰

续表

城市	区划	乔木	灌木	草坪、地被
		岗栎、石栗、银桦、杜英、黄槿、铁冬青、女贞、桂花、枇杷、南洋楹、桃花心木、大叶桃花心木、假苹婆、中国无忧花、番荔枝、龙眼、人面子、火力楠、腊肠树、花榈木、水翁、水石榕、油梨、盆架子、棕榈、假槟榔、蒲葵、鱼尾葵、皇后葵、大王椰子、董棕、老人葵、桄榔、槟榔、长叶刺葵、榄仁、水松、池杉、落羽杉、鹅掌楸、白玉兰、青桐、大花紫薇、木棉、凤凰木、洋金凤、蓝花楹、黄槐、苦楝、麻楝、刺桐、板栗、麻栎、栓皮栎、朴树、榔榆、白栎、喜树、合欢、金合欢、刺楸、枫香、垂柳、二乔玉兰、水冬瓜、乌桕、枳椇、沙梨、无患子、全缘栾树、鸡蛋花、紫叶李、碧桃、梅、木瓜	黄杨、大叶黄杨、密花胡颓子、茶梅、华南珊瑚树、洒金珊瑚、金丝桃、三药槟榔、散尾葵、琼棕、轴榈、软叶刺葵、短穗鱼尾葵、矮棕竹、筋头竹、木芙蓉、木槿、紫荆、郁李、笑靥花、珍珠花、麻叶绣线菊、凌叶绣线菊、现代月季、糯米条、石榴、紫珠、紫玉兰、胡枝子、金银木、木本绣球、蝴蝶树、接骨木、无花果、花椒、枸桔、醉鱼草、小蜡	
海口(三亚、澳门、珠海、南宁、北海)	热带季雨林及雨林区	蝴蝶果、火焰木、观光木、白兰、黄兰、乐昌含笑、香樟、阴香、阳桃、白千层、木荷、青皮、乌墨、木波罗、蒲桃、芒果、扁桃、橄榄、柠檬桉、银桦、杜英、水石榕、假苹婆、苹婆、铁刀木、大花五桠果、台湾相思、马占相思、南洋楹、洋紫荆、中国无忧花、海南红豆、木麻黄、木波罗、高山榕、大叶榕、大果榕、垂叶榕、桂木、铁冬青、桃花心木、龙眼、荔枝、石栗、秋枫、人面子、鹅掌柴、人心果、羊	野牡丹、金丝桃、扶桑、千头柏、苏铁、夜合花、含笑、鹰爪花、南天竹、金栗兰、海桐、油茶、山茶花、红千层、桃金娘、野牡丹、金丝桃、扶桑、吊灯扶桑、金英、红桑、变叶木、肖黄栌、铁海棠、一品红、红背桂、火棘、石斑木、华南黄杨、棱果蒲桃、密花胡颓子、九里香、米仔兰、八角金盘、鹅掌藤、云南黄馨、茉莉、夹竹桃、黄花夹竹桃、大花栀子、希茉莉、龙船花、红叶金花、六月雪、珊瑚树、福建茶、夜	马尼拉结缕草、彩叶草、蚌花、紫鸭趾草、吊竹梅、白蝴蝶、大花美人蕉、澎蜞菊、蜘蛛兰文殊兰、万年青、仙茅、山麦冬、阔叶麦冬、忽地笑、石蒜、葱兰、梅叶

续表

城市	区划	乔木	灌木	草坪、地被
		蹄甲、红花羊蹄甲、桂花、黑板树、海南菜豆树、柚木、黄槿、假槟榔、槟榔、鱼尾葵、董棕、椰子、酒瓶椰子、三角椰子、王棕、油棕、长叶刺葵、皇后葵、丝葵、红刺娄兜树、水杉、池杉、落羽杉、玉兰、二乔玉兰、大花紫薇、鱼木、榄仁、梧桐、爪哇木棉、美丽异木棉、木棉、海红豆、楹树、阔荚合欢、黄槐决、腊肠树、凤凰木、刺桐、紫檩、枫香、垂柳、朴树、榔榆、菩提树、麻楝、非洲楝、复羽叶栾树、无患子、红枫、岭南酸枣、喜树、蓝花楹、三角枫、紫叶李、碧桃	香树、驳骨丹、黄钟花、小蜡(山指甲)、荷包花、假连翘、马缨丹、红花檵木，枸骨、锦绣杜鹃、朱蕉、龙血树、凤尾兰、散尾葵、短穗鱼尾葵、美丽针葵、棕竹、矮棕竹、琼棕、三药槟榔、轴榈、紫薇、石榴、木芙蓉、木槿、木本绣球、现代月季、金凤花、双荚决明	
乌鲁木齐(青海)	温带荒漠区	旱柳、榆树、圆冠榆、欧洲大叶榆、春榆、黄檗、桑树、樟子松、西伯利亚松、雪岭银杉、西伯利亚刺柏、胡杨、钻天杨、箭杆杨、新疆杨、黑杨、灰杨、银白杨、青杨、白柳、文冠果、水曲柳、美白蜡、小叶白蜡、夏橡、三刺皂荚、刺槐、国槐、紫椴、心叶椴、花条槭、复叶槭、五角枫、平基槭、沙枣、山荆子、暴马丁香、西洋梨、新疆梨、新疆也苹果、海棠果、山楂、新疆桃、巴旦杏、毛稠李、天山花楸、山杨、黄红桦、坚桦、白桦、辽东栎、栾树、核桃、青榨槭、马氏槭、刺槐、国槐、白蜡、山荆子、山杏、海棠果、沙枣、火炬树、臭椿、白蜡、暴马丁香、山桃稠李、花红、甘肃山楂	紫丁香、珍珠梅、黄榆叶梅、欧亚绣球菊、山梅花、沙地柏、高山桧、新疆方枝柏、沙冬青、鞑靼忍冬、金银木、细叶小檗、刺檗、西伯利亚小檗、太平花、连翘、沙棘、胡枝子、金雀儿、新疆锦鸡儿、金露梅、毛叶欧李、多花枸子、大果枸子、玫瑰、新疆蔷薇、黄蔷薇、罗布麻、黄刺玫、怪柳、细穗怪柳、米花怪柳、球花水枝柏、秀丽水枝柏	草地早熟禾、早熟禾、林地早熟禾、加拿大早熟禾、细叶早熟禾、紫羊茅、羊茅、苇状羊茅、匍茎剪股颖、白颖苔草、异穗苔草、糙缘苔草、异穗苔草、白三叶、红花三叶草、黄芩、广布野豌豆、草原老鹳草、石竹、瞿麦、番红花、小鸢尾

注 1.参考国家建筑标准设计图集《环境景观——绿化种植设计》及其他资料。

2.括号内为统一植物区划中的主要城市。

参考文献

[1] 刘刚田等．景观设计方法[M]．北京：机械工业出版社，2010.

[2] 周大明．现代艺术设计丛书——景观设计[M]．苏州：苏州大学出版社，2010.

[3] 刘滨谊．现代景观规划设计[M]．2版．南京：东南大学出版社，2005.

[4] 彭应运．住宅区环境设计及景观细部构造图集[M]．北京：中国建材工业出版社，2005.

[5] 佳图文化．景观细部设计手册(1)[M]．武汉：华中科技大学出版社，2010.

[6] [德] 罗易德(Loidl,H.)．伯拉德(Bernard,S)．开放空间设计/城市•景观•建筑设计解析丛书[M]．罗娟，雷波，译．北京：中国电力出版社，2007.

[7] ACHIWORLD公司．国外最新住区景观设计(景观与建筑设计系列)[M]．大连：大连理工大学出版社，2008.

[8] [德] 史蒂西．(DETAIL建筑细部系列丛书)多代住宅(景观与建筑设计系列)[M]．王咏勇，译．大连：大连理工大学出版社，2009.

[9] [韩] GROUP HAN事务所．住宅与公共景观设计[M]．香实，译．大连：大连理工大学出版社，2007.

[10] 宋丹丹等．住宅景观[M]．沈阳：辽宁科学技术出版社，2011.

[11] [美] 基亚拉，帕内罗，泽尔尼克．住宅与住区设计手册(上册)[M]．宗国栋，译．北京：中国建筑工业出版社，2009.

[12] [英] 西蒙・贝尔．景观的视觉设计要素——国外景观设计丛书[M]．王文彤，译．北京：中国建筑工业出版社，2004.

[13] 章利国．现代设计美学[M]．郑州：河南美术出版社，1999.

[14] 林其标，林燕．住宅人居环境设计[M]．广州：华南理工大学出版社，2000.

[15] 庞杏丽．住宅小区景观设计教程[M]．成都：西南师范大学出版社，2006.

[16] 刘曼．景观艺术设计[M]．成都：西南师范大学出版杜，2000.

[17] 关鸣．小区景观精选[M]．南昌：江西科学技术出版社，2001.

[18] 袁明霞，唐菲．园林小品建设中的误区及发展趋势[J]．安徽农业科学，2006（16）.

[19] 窦奕，郦湛若．园林小品及园林小建筑[M]．合肥：安徽科学技术出版社，2003.

[20] 卢仁．园林建筑装饰小品[M]．北京：中国林业出版社，2002.

[21] 温洋．公共雕塑[M]．北京：机械工业出版社，2006.

[22] 王铁城，刘玉庭．装饰雕塑[M]，北京：中国纺织出版社，2005．

[23] 郭少宗．认识环境雕塑[M]．长春：吉林科学技术出版社，2002．

[24] 高祥生，丁金华．现代建筑环境小品设计精选[M]．南京：江苏科学技术出版社，2002．

[25] [丹麦] 扬.盖尔．拉尔斯.吉姆松．公共空间[M]．汤羽扬，等译．北京：中国建筑工业出版社，2003．

[26] 石莹，林佳艺．全球顶尖10×100景观(中文版)[M]．武汉：华中科技大学出版社，2008．

[27] [英] 大卫·史蒂文斯．现代都市小庭院[M]．汪晖，译．南昌：江西科学技术出版社，2005.